JN097439

イチゴのタネとジーマーミ

うまッ！

なかよし家族の観察ノート vol.**3**

土屋 誠 著

どこに
とまろうかな？

どっちがどっち？

どうして
こんな色？

Red

この本には、とてもなかよしの家族が、家の周りや公園などで生き物の観察をしている様子がえがかれています。お父さんは理科の先生で、私たちの身の回りで見られる動物や植物のおもしろい暮らしについてわかりやすく説明してくれます。お母さんと、3人の小学生の子供たち、ユウ君、ユキちゃん、シン君は生き物が大好きです。私たちの回りで見られる生き物にはおもしろいお話がいっぱいかくれているようです。今回は子供たちが大好きなナナおばちゃんもいっしょに家の庭や近くの公園で生き物を観察します。

いってらっしゃい

お父さん

お母さん

目　次

チンナン博士の解説★

さらに詳しい内容を「チンナン博士」が解説します。
※チンナンとは、沖縄の方言で「カタツムリ」のことです。

夏休みも近い7月のある土曜日、きれいな青空が広がっています。ユウ君たちのお家では庭でバーベキューを楽しむことになっています。お母さんは朝からスーパーマーケットへ出かけ、お肉のほかに、野菜やお菓子もたくさん買ってきてくれましたよ。子供たちも庭の片づけをしたり、道具を出したりしてお手伝いをしています。

昼過ぎにナナおばちゃんが、果物をたくさん持ってやってきました。楽しいパーティーになりそうです

ナナおばちゃんが子供たちをさそっています。
「近くの公園まで散歩に行こうよ」

子供たちはナナおばちゃんが大好きで、ナナちゃんと呼んでいます。
「行こう、行こう」とナナちゃんの手を引っ張って外に飛び出しました。遠くから鳥の鳴き声が聞こえてきます。近所の家の庭先にはハイビスカス、ヒマワリなど、いろいろな花が咲いています。

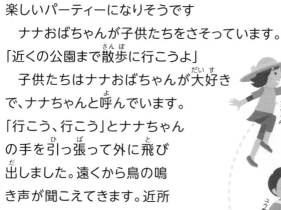

「花をながめたり、虫や鳥の声を聞いたりするのは楽しいわね。不思議なこともいっぱい見つかると思うよ」と大学で植物の勉強をしていたナナちゃんが言います。

子供たちはどんなお話しを聞くことができるのでしょうか? ワクワクしています。

花びらは何枚?

ユウ君は、アブラナやカボチャの花のつくりを勉強したばかりなので、さっそくナナちゃんに自まんします。

「アブラナの花にはおしべとめしべがあるよ」

「そうね、めしべの根元の部分は子房と言って少しふくらんでいて、その中にタネができるの。タネは種子とも言うわね」

となりの家の生け垣にアサガオが植えられています(図1-1)。

「アサガオの花びらは何枚あるかしら?」とナナちゃんが聞きました。

「ラッパみたいな形をしている。色がこいところとうすいところがあるけどアブラナみたいに分かれていないな。1、2、3…5枚かな。数えにくいなあ」とユウ君が答えます。

図1-1 アサガオのつぼみと花。どれが1枚の花びらでしょう? わかりにくいですね。

確かにそうですね。アサガオは5枚の花びらをもっているのですが、おたがいにくっついてしまっていて区別するのがむつかしいのです。

でも先っぽの方や色のもようを見ると花びらは5枚あることがわかるでしょう。

「ハイビスカスも5枚ね」とナナちゃんが何か言いたそうにしています。

どこまでが
1枚なんだろう?

ユリの花びらは
何枚？

「あそこで咲いているハイビスカスはちょっと変じゃない？ 花びらがいっぱいあるよ」

「‥‥‥」

「花が2段になっている」とユウ君が気づきました。

　ナナちゃんがユリの花の話を始めました。

「ユリの花びらは何枚あるかしら？」

「5枚、それとも6枚？」

　5月の連休の頃、テッポウユリがたくさん咲いていましたが、子供たちは思い出すことができなくて困っています。

■ クマゼミはどこへ行った

　朝、うるさいくらいに鳴いていたクマゼミはどうしたのでしょう。鳴き声がまったく聞こえません。

「ナナちゃん。なぜクマゼミはお昼過ぎになると鳴かなくなってしまうの？」とユキちゃんが質問します。

　シン君はセミの抜け殻を見つけました（図1-2）。

「ゴールデンウィークに南城市に行ったとき、サトウキビ畑でセミが鳴いていたけど、あれもクマゼミ？」とユキちゃんが質問を続けます。

「多分、イワサキクサゼミ。季節によって鳴いているセミがちがうのよ」とナナちゃんが説明します。

図1-2 クマゼミとその抜け殻。抜け殻でクマゼミとアブラゼミのちがいがわかるかな？

5

ゴーヤーが実っている庭がありました。ゴーヤーチャンプルーが大好きなシン君が、

「ゴーヤーの花が咲いているけど、花の下についているのはゴーヤーの赤ちゃんかな」。

「ゴーヤーには雄花と雌花があって、一つの花におしべとめしべがあるわけじゃないよ」

「そうだ、学校でカボチャの雄花と雌花のことを習ったっけ」

「ゴーヤーも同じ。雄花にはおしべ、雌花にはめしべがあるよ」

ゴーヤーの花もくわしく観察するとおもしろいことがわかってきます。続きは家に帰ってからくわしくお話しすることにしましょう。

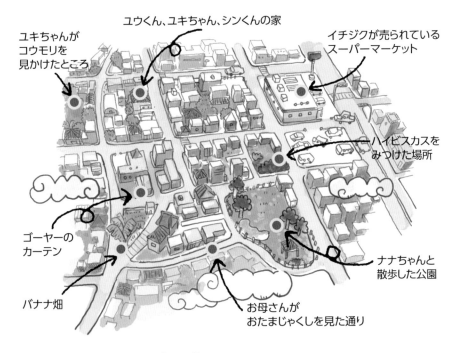

ユキちゃんがコウモリを見かけたところ

ユウくん、ユキちゃん、シンくんの家

イチジクが売られているスーパーマーケット

ハイビスカスをみつけた場所

ゴーヤーのカーテン

ナナちゃんと散歩した公園

バナナ畑

お母さんがおたまじゃくしを見た通り

これが「なかよし家族」が住んでいる町
古い赤瓦屋根が残る、緑に囲まれた素敵な町です。

花びらは何枚ある?

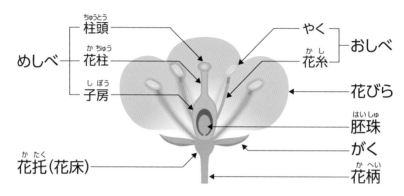

めしべ
- 柱頭 (ちゅうとう)
- 花柱 (かちゅう)
- 子房 (しぼう)

おしべ
- やく
- 花糸 (かし)

花びら

胚珠 (はいしゅ)

がく

花托(花床) (かたく)

花柄 (かへい)

図2−1 花のつくり。花には、花びら、おしべ、めしべ、がく、があります。めしべの下の方はふくらんでいて、子房(しぼう)と呼ばれています。中に胚珠(はいしゅ)があり、タネができます。

　家に帰ってくるとお庭に咲いている花や、玄関(げんかん)の花びんにいけてあるランの花の形が気になります。さっそくナナちゃんとお父さんの解説(かいせつ)が始まりました。

　ナナちゃんが本棚(ほんだな)から植物図鑑(しょくぶつずかん)を取り出してきました。最初(さいしょ)に学校で習った花のつくり(図2−1)を復習(ふくしゅう)しました。次にテッポウユリの花の写真(図2−2)を指さして子供(こども)たちに質問(しつもん)しています。

「花びらは何枚(なんまい)ある?」

「6枚」と声をそろえて答えます。

「残念(ざんねん)でした。ちがいまーす」

「どうして?」子供たちは納得(なっとく)できません。

あれっ?
何枚だろ?

「よく見てごらん。白い部分は外側(そとがわ)の3枚と内側(うちがわ)の3枚に分けることができるでしょう。形もちょっとちがうんじゃない。つぼみの時、外側の3枚は内側の3枚をつつんでいるよ」

「つまり外側の3枚は、がく?」とお父さんがナナちゃんに確(たし)かめます。

「そうね。そして内側の3枚が花びら。正解(せいかい)は3枚でした」

図2－2

テッポウユリが咲いています。花びらは何枚あるでしょう。となりにあるつぼみも観察しながら考えてみましょう。

沖縄では5月ごろになるとテッポウユリの白い花が咲きます。満開の時には何とも言えないあまいかおりがただよっていますね。

チンナン博士の解説★
「花びら」と「がく」

　　　この会話では「花びら」と「がく」という言葉が使われていますが、ユリの仲間やチューリップなどでは花びらとがくの形がとてもよく似ていることから、両者を併せて花被片（かひへん）という言葉でまとめて表現しています。これらの花では、「がく」を外花被片（がいかひへん）、「花びら」を内花被片（ないかひへん）というようです。

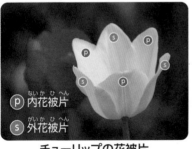

チューリップの花被片

アヤメの花被片

　ナナちゃんは、ユウ君が混乱しないように、学校で習った言葉を使いながら説明しました。新しい言葉が次々に出てきて大変ですが、花被片という言葉も覚えておくといいですね。

■ いろいろな形の花

散歩をしながら真っ赤なハイビスカスの花も
見てきました（図2−3）。

「ハイビスカスには花びらが5枚あるね。めしべ
が長くのびていて先の方は5つに分かれている
よ。その下にたくさんのおしべが集まっている」

「変なハイビスカスがあったよ」とユキちゃんが
報告します。

「先の方にも花びらがあった」

「おもしろいものを見てきたね。花が二重に咲い
ているようだっただろう。先の方の花びらみた
いなものはおしべの形が変わったもので花びら
ではないんだ」

「毎日見ているとおしべの形が変わっていく様子がわかるかも知れないよ」
「そうなんだ」と子供たちは目をかがやかせて聞いています。

図2−3
花びらが複雑な形をしている
フウリンブッソウゲ

テッポウユリ(A)

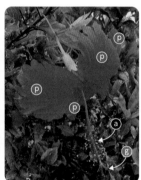
ハイビスカス(B)

ハイビスカス(C)

ⓐ おしべ　ⓖ めしべ　ⓟ 花びら　ⓢ がく

図2−4　テッポウユリ(A)とハイビスカス(B)の花のつくり。
　　　　おしべの一部が大きく広がって花が二重になっているように見える
　　　　ハイビスカス(C)もあります。

ランの花の形は変わっている

「花の形にはおもしろいものがたくさんある。玄関にランの花があるだろう」
　ユウ君はさっそくランの花を観察してみました。

図2－5　コチョウランの花
3枚の花びらのうち、1枚は他と形が違います。

「花の真ん中に変なものがある」
「ランもつぼみの時から見ていると花びらとがくのちがいがわかるはずだけど、花びらは2枚しかないように見えるわ。ちょっと説明が必要ね」
　ランの花の形はかなり変わった形をしています。でもテッポウユリの勉強をしたばかりなので、ナナちゃんの説明はよくわかります。
　テッポウユリと同じようにランの

花の外側には3枚のがくがあります。内側には3枚の花びらがありますが、下側の1枚は、上側の2枚と形が異なっています。蜜を吸いに来た昆虫は、おもしろい形をした下側の花びらに止まるようです。

ヒマワリの花の真ん中には何があるの?

「ヒマワリの花の形も変だよ」とユウ君が質問します。
「周りには黄色の花びらがたくさんあるけど、真ん中には何があるの」
　確かにわかりにくいですね。
「子供の頃、真ん中の丸いところにたくさんできているタネを取って食べたことがあるよ」とお父さんが思い出したように言いました。
「???」
　子供たちは、ぽかんとしてナナちゃんやお父さんを見ています。
「タネができるということは、めしべがあるということだ」

「ビンに詰めて売られていることがあるね。でもこれは子房が成長したものなのでタネではなく、果実※というのが正しいよ」

「ヒマワリには2種類の花があるのよ」とナナちゃんが教えてくれました。

「教科書には出てこない、いろいろな花のつくりがあるんだね」と、ユウ君が感心しています。

「次は果実やタネについて観察しよう」とお父さんが言いましたが、ユキちゃんやシン君は「果物は食べる方がいいな」と思っていますよ。

※果実の中で人間が食用とするものを果物と呼ばれます。果実は単に「実」とも言います。

チンナン博士の解説★

花の中に花がある?

　　ヒマワリは、多くの花が1つに集まっており、周囲の花と中心部の花とではつくりが異なります。外側に大きな輪を作っている黄色い花びらをつけた花を「舌状花」といい、中心部の筒状の小さな花を「筒状花」といいます。（図2−6）道ばたで見られるタチアワユキセンダングサの花のつくりはヒマワリと同じです。観察してみてください。

よく観察すると似ているね

図2−6 タチアワユキセンダングサとヒマワリ。いずれも多くの花の集まりでできています。舌状花と筒状花を観察してみて下さい。

タチアワユキセンダングサの名前

　タチアワユキセンダングサという名前はよく耳にしますが、最近ではシロノセンダングサという言い方も見かけます。

　キク科のセンダングサ属というグループの植物です。センダングサ属というグループには多くの種があり、舌状花の大きさや果実（ひっつき虫と呼ばれていますね。タネと呼ぶことが多いのですが、果実というのが正確な言い方です）の形などで区別されるようですが、一般には見分けにくいものです。

　タチアワユキセンダングサは、オオバナノセンダングサと呼ばれることもあるようです。かなり昔に沖縄に入ってきたコシロノセンダングサは舌状花がやや小さく、葉の形（周辺のギザギザの細かさ）などで区別することができます。

　ひっつき虫が衣服にたくさんついて困ったこともあるでしょう。道ばたでは球形になったひっつき虫の集まり（右図）を見つけるはずです。花が咲き終わったあと、中央の花たちの土台になっている花托が反り返るために、このような形になるそうです。

3 雄花と雌花がある植物

ゴーヤーの実

　今まで観察してきた植物は、一つの花におしべとめしべがありました。植物の中にはおしべとめしべが別々の花にあるものがあります。私たちの周りにはそんな花をいっぱい見ることができますよ。ナナちゃんが話しはじめました。

「ユウ君、学校では花が咲き終わってから子房が大きくふくらんできて果実ができることを勉強したね」

「うん、でもゴーヤーは変だよ。最初から実がなっている」

　ゴーヤーの花を観察すると、2種類の花があることに気づくでしょう。一つは花の下に小さなゴーヤーがあるもの。もう一つは花の下がすらっとしているものです（図3-1）。

雄花

雌花

図3-1　ゴーヤーには雄花（左）と雌花（右）があり、雄花にはおしべが、雌花にはめしべがあります。雌花の下にはゴーヤーの赤ちゃんがあるのでわかりやすいでしょう。

13

「ゴーヤーはカボチャと同じ？　雄花と雌花があるの？」とユウ君は疑問を投げかけます。

「そう、雄花にはおしべだけがあるし、雌花にはめしべだけがある」

　ウリ科というグループのカボチャ、キュウリ、ゴーヤーなどはすべて雄花と雌花を持っています。マツ、ソテツなどの裸子植物と呼ばれているグループも同じです。ここではソテツの写真でちがいを見てみましょう（図3−2）。

裸子植物については中学校で勉強するわよ

図3−2　ソテツの雄花（左）と雌花（右）
雄花が咲く木（雄株・おかぶ）と
雌花が咲く木（雌株・めかぶ）があります。

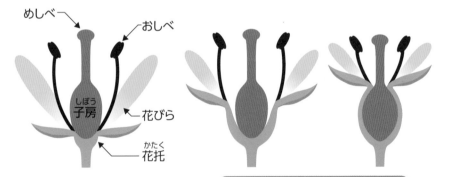

めしべ　　おしべ
子房（しぼう）
花びら
花托（かたく）

基本的な花のつくり

花托が大きく伸びて子房を
取り囲んでいる花のつくり

図3−3　花の形はいろいろです。子房（赤いふくらみ）が、花をささえている緑の部分（花托と言います）につつまれている花もあります。おしべ（黒）と花びら（黄色）の位置と併せて見比べてください。

ゴーヤーの「雄花」と「雌花」は別々になっている

　　　　　ゴーヤーの花の説明を続ける前に、もう一度おしべとめしべの両方を持った花のつくりを復習しましょう。花のつくりは図3−3に示した左の図のように、花托の上におしべ、めしべ、花びらがあるものや、右の図のようにめしべの子房を花托が取り囲んでいるものがあります。ゴーヤーの雌花（めばな）は右の図のような形をしているため、ふくらんでいる子房が花びらやがくの下にあり、最初から小さな実がなっているように見えるのです。やがて花が枯れるとゴーヤーの実が大きく成長していくはずです。

　　　なぜゴーヤーは、雄花（おばな）と雌花が別々になっているのでしょう？ これはとても難しい質問です。おそらく地球上に多くの植物が誕生した後、それぞれが生き残るためにいろいろな生き方を身につけたものと考えられます。

　　　最近では庭やベランダにゴーヤーを植えてグリーンカーテンや棚をつくる家が増えました（図3−4）。沖縄だけでなく東京や、ほかの都市でも行われています。ゴーヤーを植えて部屋を涼しくしながら、花の観察をしてみてください。

図3−4　ゴーヤーをうまく使った緑のカーテンや棚をよくみかけます。とても涼しげですね。

4 イチゴのタネとジーマーミ

■変わったつくりの花

お父さんがユウ君に話しかけています。

「リンゴを丸かじりすると食べられない部分がある
だろう」

「芯のことだね。芯の中から黒いタネが出てくる」

「学校では、子房が大きくなって果実になり、中にある
胚珠がタネになることを勉強したと思うけど、学校で
習ったアブラナの花のつくりは最も基本的なつくり
で、そのほかにも変わったつくりを持った花がある」

「知ってるよ。ヒマワリやランの観察をしたよ」

「そうだね。果実ができるときは子房や、そのまわりがどのように大きく
なるかを知ることが大切だから、しっかり観察しよう」

おいしかった♪

チンナン博士の解説★
ウメの実・リンゴの実

　　　　ウメの花は花托（かたく）が筒状（つつじょう）になっていて子房をお
おっています。その後、子房がどんどん大きくなります。ウメの実と呼んでいるも
のは、子房がそのまま大きくなったものです。ウメボシを食べるとき、かたい部分
は食べられませんね。ウメの子房は3つの層からできています。あのかたい部分
は子房の内側の層が発達したもので、タネと呼ぶことが多いはずですが、本当の
タネではありません。割ってみると中から本物のタネが出てきます（図4-1）。

　リンゴの子房は完全に花托に包まれています。子房と花托はいっしょに成長
し、特に花托がふくらんでいきます。私たちがおいしく食べるのは花托が成長
した部分で、芯は子房が成長した部分です（図4-2）。リンゴを輪切りにしてみ
ると、子房の断面が星形をしていることがわかります。

　前にゴーヤーの雌花の下にゴーヤーの赤ちゃんを見つけましたね（13ペー
ジ）。ゴーヤーもリンゴと同じように子房の位置が花びらよりも下にあるので、
このように見えます。いろいろな野菜を観察してみてください。

図4−1
ウメボシを食べた後、固い部分を割ってみました。中からは薄い皮に包まれた「本物」のタネが出てきました。
右の写真は薄い皮を取りのぞいたものです。

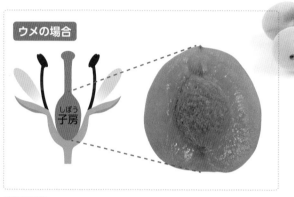

ウメの場合

しぼう
子房

ずーっと
ウメボシのタネだと
思ってたよ

図4−2 　ウメの実は子房が大きくなったもので中に胚珠があり、タネになります。ただしシワシワの固い部分は子房の内側の層で、胚珠ではありません。

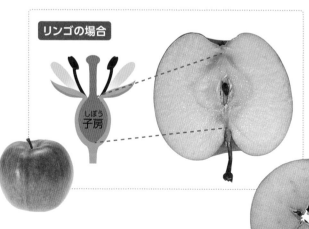

リンゴの場合

しぼう
子房

リンゴは子房と花托がいっしょに大きくなります。私たちが食べるのは成長した花托です。芯が子房の部分です。

リンゴを輪切りにしてみると星の形が出てきます。
これは子房の形です。

まん中に
★の形がある
かわいい♪

17

イチゴの観察

「イチゴの表面にたくさんついているツブツブは何だと思う?」
「タネ」
「うん、お父さんは若い頃、お皿の上に湿らせたティッシュペーパーをのせ、このツブツブをおいて、水分を切らさないようにして観察したことがあるよ」
「どうなったの?」ユウ君とユキちゃんは興味を持ったようです。
「ツブツブから芽が出てきた。少し大きくなってからプランターに植えかえたよ。どんどん大きくなって、花が咲いてイチゴができた」

イチゴの花

❶

❷

イチゴの実が
できる様子

❸

❹

「どのくらい時間がかかったの?」

「確かクリスマスの頃にツブツブを取ったかな。イチゴができたのは2、3か月後だったと思う。とても小さいイチゴだった。でもこれであのツブツブがタネであることがはっきりわかったんだ」

「イチゴのタネは実の表面にできるんだね」

ふつうタネは果物の中にありますね。
なぜ、イチゴのタネは
表面にできるのでしょうか。

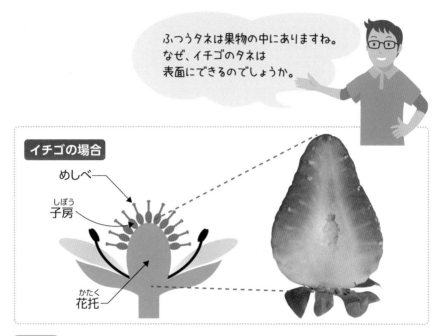

| 図4-3 | 私たちが食べるのは成長した花托です。イチゴには多くのめしべがあり、それぞれに果実ができます。上の図を見てください。私たちは、緑色の花托が成長して赤くなったところを食べるのです。 |

　イチゴもリンゴと同じように食べる部分は花托が成長したものです。イチゴのめしべは花托の上にありますが、今まで見てきた植物とちがって1本ではなく、たくさんあるのです。花托が大きく成長し、その上にあるめしべの下の部分(つまり子房)にタネができます(図4-3)。

■ タネの数はめしべの数だ

　すべてのめしべが元気に成長すればそういうことになります。私たちが食べている果物には、子房が大きくなったものや、花托が大きく成長したものがあることがわかりました。

　ここまで読んでくれたみなさんは、イチゴのタネと呼んでいたものは、タネではなく、果実と呼ばなければならないことに気づいているでしょう。イチゴは成長してふくらんだ花托の表面に多くの果実がついたものということを覚えておきましょう。1個の果実の中に1個のタネがあります。

「花托が大きくなったものを果実といっていいのかな？」とユウ君は疑問を持ったようです。
「確かに本物の果実とはちがうわね。これは見かけ上の果実という意味で偽果ってよぶのよ」とナナちゃんが説明してくれました。

学校で習ったこととちがうよ

チンナン博士の解説★

本物の果実と見かけ上の果実：真果と偽果

　　　　　ユウ君が「花托が大きくなったものは本当に果実なの？」という疑問を持ちましたね。これは大切な事がらです。
　私たちはスーパーマーケットに並んでいるリンゴやイチゴを全部、果物（果実）あるいはフルーツと呼んでいますね。果実には、子房が大きくなったものや、花托が大きく成長したものがあると書きましたが、これらを区別する言葉があります。子房が大きくなって果実になったものを真果（しんか）といいます。それに対して子房以外の部分が大きくなったものを、見かけ上の果実という意味で偽果（ぎか）と呼んでいます。すでに説明したようにリンゴやナシは偽果です。リンゴやナシの真果は、「芯」の部分です。花托が大きく成長して真果を包み込んでいることになります。真果をおいしく食べるのはウメ、カキ、ミカンなどです。

偽果（ぎか）
リンゴ，ナシ

真果（しんか）
ウメ，カキ，ミカン

落花生(ピーナッツ)。沖縄では
ジーマーミとよばれています。

ジーマーミの話

「そうだ。タネといえばジーマーミの話をしなければ
いけないわね」とナナちゃんが話し始めました。
「ジーマーミ(地豆)って落花生(ピーナッツ)のことだね。
落花生は地面の中にできることを知っているかい」

　花が咲き終わってから果実ができるのですが、どうして地面の中にで
きるのでしょう。

「ジーマーミの苗をうえてみると分かるわよ」ナナちゃんがヒントをくれ
ます。

　黄色のかわいい花がさいた後、何かが伸びて地面のほうにもぐり込ん
でいきます。これは、ちょっと難しい言葉ですが子房柄とよばれているも
ので、子房を地面の中に運んでいくように見えます。その後、地面の中で
果実が成長するのです(図4-4)。

図4-4 落花生(ジーマーミ)の花(左)と子房柄(右、矢印)。
子房柄の先が土にもぐり、果実ができます。地中にはジーマーミができていました。

チンナン博士の解説★
野菜と果物のちがい

　　　野菜と果物の分類については、はっきりした定義はありません。一般的に次のような特徴を持つ植物が「野菜」と呼ばれています。

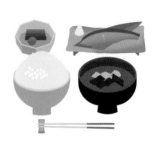

1.田畑に栽培されること　　**2.副食物であること**

加工

こんにゃく芋　　　　　　　こんにゃく

3.加工して食べないもの　※たとえば、こんにゃくは加工して食べますので野菜ではありません。

4.草本性であること

　　しかし、どれもちょっとあいまいです。イチゴ、メロン、スイカなどは野菜としてあつかわれていますが、果実的な利用をすることから果実的野菜という言い方をするようです。

　　もっと詳しいことを調べたい方は、農林水産省のホームページを参考にすると良いかもしれません

　　農林水産省　https://www.maff.go.jp/

バナナやパイナップルにタネはあるか?

　食事の後のデザートはいつも楽しみですね。その中には、タネなしブドウやタネなしスイカのようにタネがない果実(かじつ)がいくつかあります。ここではそのような果実についてお話ししましょう。

　バナナもその仲間(なかま)です。近くにバナナの畑がある(図5−1)ので観察(かんさつ)に行きました。何段(なんだん)にも連(つら)なっているバナナの実の先っぽにはむらさき色の奇妙(きみょう)なものがついています。つぼみでしょうか?

　「バナナの実ができる様子は時間をかけて観察するとおもしろいわよ。最初(さいしょ)からバナナが何段にもなっているわけじゃないの。毎日見ているとバナナができる様子がわかるはずよ」

　子供(こども)たちはナナちゃんの説明(せつめい)に聞き入っています。

図5−1 バナナ畑。

バナナの観察

　紫色(むらさきいろ)をしたバナナの花のつぼみのようなものは、よく見ると何枚(なんまい)もの皮があるように見えます。

　「つぼみのようなものは苞葉(ほうよう)と呼んでいるよ。ちょっと難(むずか)しいね。これは最初は緑色をしている」

　「ここからバナナが出てくるの?」とユキちゃんが聞きます。

　「うん、そんな感じ。苞葉の皮が一枚(いちまい)めくれてくると、その内側(うちがわ)に中に何本かの細長いものが見える」

ここからバナナが出てくるの?

「人間の指のようにも見えるね。その先についているのがバナナの花かな」
「そのとおり」
　その下の部分（子房）が成長してバナナになります。次の皮が開くと新しい列のバナナが出てきます。これをくりかえしてバナナの実になるのです（図5−2）。

毎日観察していると、約2週間後にはバナナらしくなることがわかりましたよ。

❺の拡大写真（花の部分）

図5−2　バナナの花のつぼみ（?）を見つけました。

バナナの黒いツブツブ

　もともとバナナは野生の植物です。人間は畑に植えておいしいバナナを作るために、花粉を別の畑にあるバナナにつけたりして工夫をしてきました。そのうちに花粉がつかなくても大きな果実になる株を見つけたと言われています。花粉がつかなければ子房の中の胚珠は成長しませんからタネができません。でも胚珠は残っており、それがバナナの実に入っています。バナナの実を縦に切ってみると一列に並んだ小さな黒いツブを見つけるでしょう（図5−3）。これがもともとのタネです。

　バナナ畑に行くと、小さな芽生えを見つけるかもしれません。これはバナナの赤ちゃんで、別の場所に植えかえて育てるのです。

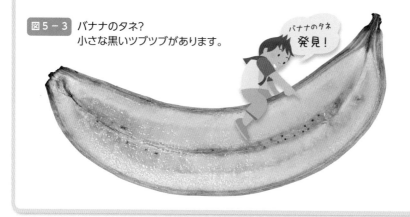

図5−3　バナナのタネ？
　　　　小さな黒いツブツブがあります。

バナナのタネ
発見！

■ パイナップルはたくさんの実のかたまり

　今日のパーティーのデザートにはパイナップルも用意されています。お母さんが大きなパイナップルをたてに切りました。中心にある固い部分を包丁で切り取り、黄色い部分を食べやすいように細かく切ってくれます。「このやわらかいところを食べるけど、これは一個の実ではないの」とナナちゃんが言います。
「外から見ると魚のうろこのように同じ形をしたものがたくさん並んでいるわね（図5−4、5）。一つのうろこが一つの実で、たくさんの実がぎゅぎゅっとつまって大きな一つの実のようになっているわ」

図5−4 パイナップル畑。

図5−5 パイナップルの花がさいています。

「なかなか見ることはないかもしれないけど、花が咲いている様子を見るとわかるんじゃない。写真でみてみよう」

「じゃあ実の中にタネがあるんじゃないの?」

「パイナップルはイチゴと同じ。おいしく食べているのは花托が成長したものだよ。だからうろこのすぐ下にタネを見つけることがある(図5−6)」

「てっぺんにある緑色のものは葉っぱみたいだけど、こんなところから葉っぱが出ているなんて変だよね」

「でも、これは葉っぱ。実の上の部分から切り取って植えておくとパイナップルができる」

お家で育てて毎日食べたいな!

図5−6 デザートのパイナップルにタネを見つけました。

沖縄でリンゴは育つのか？

　子供たちはいろいろなタネや果実のお話を聞きました。捨てられてしまうことが多いタネですが、だんだん気になってきたようです。

「今度、庭にゴーヤーやリンゴのタネを埋めておこうよ」

「沖縄でリンゴは育つのかな？」

「パイナップルやバナナのタネをまいておくとどうなるのかな？」

　ナナちゃんは、

「それはおもしろいわね。やってみようよ」と子供たちにすすめています。おもしろい観察記録ができそうですね。

「土に埋められたタネから芽が出てこないということは死んでしまったということなのかなぁ？」ユウ君は疑問を持ちました。

「ほとんどのタネはそうだけど、長い間生きていたという有名な話があるわよ」

タネは死んでしまったの？

ナナちゃんが話しはじめました。「今から70年近く前のこと、千葉県の浅い沼に埋まっていたハスの実を大賀一郎という先生が栽培して、花を咲かせたことがある。この実は2000年間この沼に埋まっていたと考えられているんだ。そんなに長い間生きていたなんて信じられないね」

「ほかにも深いところに埋まっていたタネが芽を出し、花が咲いたという話をいくつか聞いたことがあるよ」とお父さんが話をします。

大賀 一郎（1883 年～ 1965 年）
日本の植物学者。

タネの運び方いろいろ

「タネはどうやって別の場所に運ばれるのかしら?」とナナちゃんが子供たちに聞いています。

「タンポポのタネは風で運ばれるよ」

「ススキもそうだ」

「海岸に出かけたときいろいろなタネがあったような気がする。どこから来たんだろう?」

「ズボンにつくタネがあるよ。人がタネを運ぶのかな?」

僕たちが運んでいるのは何のタネ?

　子供たちが話している内容をちょっと整理してみましょう。タネが運ばれる方法は、いくつかに分けることができます。

風で運ばれるタネ（図6-1）

　ススキの果実が道路のすみに集められているのを見たことがありませんか。ススキの穂から離れた果実は風であちこちに飛び散ります。風に乗って移動し、新しいすみ場所をみつけるのでしょう。

　タンポポの果実も風で運ばれます。道端にはチガヤもたくさんタネをつけています。ツワブキは黄色い花を咲かせた後、果実の集まりが見られるようになります。やがてどこかに飛んで行くのでしょう。

　落ちているマツボックリからタネが出てくるかもしれません。ふくらんだ部分から羽のようなものがのびているはずです。これで風に運ばれやすくなると思いませんか? まるでプロペラですね。

ススキ

タンポポ

ツワブキ

マツボックリ

チガヤ

図6-1

タンポポ、チガヤ、ススキ、ツワブキの果実は風で運ばれます。
マツボックリの中から風に飛ばされやすそうなタネが出てきますが、どこまで運ばれるでしょうか?

水で運ばれるタネ

　海岸に行くといろいろな植物のタネが打ち上げられていますから集めて並べてみましょう（図6−2）。

　ヤシの実は島崎藤村の詩や、童謡で有名ですね。ときどきゴバンノアシのように沖縄にはとても少ない植物の果実を見つけることがあります。これも外国から運ばれてきたかもしれません。外国から流れつき、沖縄で芽生える植物はあるのでしょうか？　沖縄の環境がその植物に適していれば成長をはじめるでしょう。

いろんな形の
タネがあるんだね

図6−2　お父さんがパラオに出かけた時、海岸で芽生えているヤシ（右）やゴバンノアシ（左）の実を見つけました。

動物に運ばれるタネ

　ひっつき虫をつくる植物はタネが動物に運ばれて新しい生活の場所を見つけます。タチアワユキセンダングサはどこでも見られるようになりましたが、林道の奥では数が少ないことに気づくでしょう。人があまり行かないところにはあまりタネが運ばれていないのです。

タネ
タネ
タネ

　小学校の国語の教科書にドングリを食べるリスの話が紹介されていました。リスは落ちたドングリを食べるのですが、一度にすべて食べるのではなく、いくつか土の中に埋めておき、後で食べるためにたくわえておくということが説明されていました。

　でも埋めておいた場所を忘れることもあり、そこから新しいドングリの木が成長を始めるというお話でした。リスがドングリを全部食べてしまうと、ドングリの木が生えて来ません。自然のおもしろさがよくわかるお話です。

うまっ！

　鳥は植物のタネを運んでくれる重要な生き物です。鳥が植物の果実を食べ、別の場所でフンをすると、その中に消化されないで残っていたタネが芽を出す、という仕組みです。フンの中から集めたタネが発芽する様子を調べた研究があります。

植物が自分でタネを飛ばす

まるでタネのバクダンだ!

図6-3 殻が割れ、散らばるタネ。ノアサガオ(上)と カタバミ(下)

　花が咲き終わったあと、タネがはじけるように周囲に飛び散る植物があります。身の回りで見られる植物ではカタバミが代表的なものです。ひょっとしたらタネがはじけて飛ぶところを見ることができるかもしれませんから観察してみてください。1メートルくらい飛ぶこともあるようですよ。

　スミレの仲間もタネを飛ばします。ほかにもあるかどうか、図書館で調べてみるのもいいかもしれません。

■ アサガオのタネ

　「学校でアサガオを植えたよ。花が咲いた後、タネができた。アサガオのタネはどうやって運ばれるの?」とユウ君が質問します。

　「毎日見ているとタネの殻が割れてくるのがわかる。パカッと割れた後、タネが地面に落ちる。その後、動物が運ぶこともあるかもしれないね」とナナちゃんが解説してくれました。

同じ植物でもタネが運ばれる方法はいくつかあるようです。アサガオの仲間のノアサガオはいろいろなところで咲いています。花が咲き終わったあと、タネもよく見られますから観察するとよいでしょう（図6−3）。

■ どうやって運ぶ?

「どうやって運ばれるか分からないものもあるのよ」
　とナナちゃんが話を続けます。
「どういうこと?」みんな不思議そうな顔をして聞いています。
「ソテツのタネは赤い色をしてきれいだよ。でも大きくて風には飛ばされそうにない。デイゴも大きいな（図6−4）」
「わかった。大きな鳥が運ぶんだ」とシンくんがひらめきました。
　でも大きな鳥がソテツのタネを運んでいるのを見たことがある人は少ないでしょうね。
　タネはどのように運ばれるのでしょうか。もし運ばれなければ、その植物のまわりには同じ花ばかりが咲くことになりますが、そのようなことはほとんどありませんね。タネはたくさんできますが、生き残るものは少ないかもしれません。動物に食べられてしまうものも多いことでしょう。身の回りのいろいろな植物のタネを探して観察してみましょう。

きっとそーに違いない

タネ

図6−4 　大きなタネはどのように運ばれるのでしょう? デイゴ（左）やソテツ（右）について考えてみましょう?

⑦ ガジュマルはイチジクの仲間

■ キジムナーが住むガジュマル

沖縄ではガジュマルはよく見かける木です。最近では盆栽として楽しんでいる人も多いようです。でも子供たちにはキジムナーが住んでいる木と言ったほうがわかりやすいかもしれません。

キジムナーとは木の精で、ガジュマルの大木に住んでいると言われています。魚が好きで、人間ともなかよしです。

キジムナー図解
・木の精霊（ガジュマルがメイン）
・いたずらっ子
赤毛
赤い肌
・友達になるとお金持ちに(?)
・魚の左目が大好物
・怒らせると怖いよ

垂れ下がっている細長いものは地上にのびた根で気根と呼ばれています。垂れ下っている気根は、幹にからみついて奇妙な姿になります。初めて見る人はびっくりするでしょうね。

「ガジュマルのタネは鳥に運ばれて他の木の上に落ちることがある。芽を出し、気根も出して成長するよ。気根がのびて取りついた木にからまっていく。その木をからしてしまうことがあるので『しめ殺しの木』とも呼ばれているよ」

「うわぁ～こわい木だなぁ」

名護のひんぷんガジュマル
名護市のシンボルになっており、樹齢は240年以上と言われています。国や県の天然記念物に指定されています。「ひんぷん」には「魔よけの壁」という意味があります。

イチジクの中にお花?

「イチジクって知ってるかしら」ナナちゃんが別の話を始めました。

「ガジュマルはイチジクの仲間だよ。でも沖縄ではイチジクはあまり見かけないな」

「スーパーの果物売り場に並んでいるのを見たことがあるわ」とお母さんが教えてくれました（図7−1）。

「イチジクを割ってみると中にツブツブがたくさんあるわね。このツブのひとつひとつが花なのよ」

図7−1　イチジク。

図7−2

ガジュマルの幹から出ている果のう。果のう中にある小さなツブツブは一つ一つが花です。

子供たちは何のことかわかりません。

シン君が何か見つけたようです。

「あの木に変なものがついているよ」

シン君が見つけたのはアコウの木で、これもガジュマルの仲間です。幹に緑色の丸いものがたくさんついています（図7−2右）。

「この中にもツブツブがある。ガジュマルの仲間は、このような丸いものの中に花を咲かせるのよ（図7−2）。この丸いものを『果のう』というの」

「果のうの"のう"は"ふくろ"という意味よ。ふくろの中に小さな花がたくさん咲いて、多くの果実が実っているのがスーパーで売られているイチジクなの」
「どうしてこんなところに実がなるの?」
みんな不思議そうな顔をしてナナちゃんを見つめています。

果嚢（かのう）

難しい漢字だなぁ

助け合う生き物

「これを幹生果というらしいけど、どうして幹からでてくるのか、分からないなあ」
「果のうの中に虫が住んでいることがあるんだよ」とお父さんが話を続けます。
「これが虫の家なの?」
「そうだ。ハチの仲間が家を借りている。それだけではなく、ガジュマルの花粉を他の果のうに運ぶ役目も持っているんだ」
　ガジュマルの仲間とハチの仲間はおたがいに助け合って暮らしていることが知られています。

アリストテレスも知っていたイチジクの秘密

　　　アリストテレスは古代ギリシアの哲学者ですが、動物学、植物学、物理学、天文学などのさまざまな分野に幅広い知識を持っていました。アリストテレス全集の『動物誌』第5巻32章(岩波書店、島崎三郎訳)に次のような文章があります。

　「野生イチジクの実の中には、『イチジクバチ※』と称するものが入っている。これは最初は小蛆であるが、やがて皮が破れてはがれると、この皮を残して、『イチジクバチ』が飛び出してきて、〔普通の〕イチジクの実の口から中に入り、実が落ちないようにするのである。それゆえ、農夫は野生イチジクの実を〔普通の〕イチジクに結びつけたり、〔普通の〕イチジクのそばに野生イチジクを植えるのである」

　野生のイチジク(雄株・おかぶ)と普通のイチジク(雌株・めかぶ)では果のうの中に咲いている雌花のめしべの形が違います。雄株のイチジクのめしべの子房は花柱が短く、イチジクバチは産卵管を差し込んで産卵します。そこから生まれたハチのうち、オスは羽をもっていません。メスと交尾をした後、果のうの中で死んでしまいます。また子房を食べてしまうので人間にとっておいしいものではなくなります。羽をもっているメスは果のうの外に飛び出しますが、その時、出口の付近に咲いている雄花の花粉を体につけます(下図左)。

　外に飛び出したメスは別の木になっている果のうに入ろうとしますが、雄株と雌株の区別はできないので、両方に入り込みます。

　雌株に咲いている花のめしべは花柱が長く、込みあっているため、産卵管が子房に届かず、卵を産みつけることができません。でも花粉を運んでくれているのでイチジクは次の世代を作ることができるのです(下図右)。

　つまり普通のイチジクと野生のイチジクの両方があることによって、イチジクもハチも次の世代を作ることが可能になるのです。とても面白く、複雑な動物と植物の関係ですが、アリストテレスはどこまで真実を知っていたのでしょうか?

雄株(おかぶ) ハチが子房を食べてしまう。

おばな
めばな
オス

卵を産みつけることができないなぁ
メス

雌株(めかぶ) 受粉できるが卵を産むことができない。

※ガジュマル類の果のうに入り込むイチジクコバチ科のハチで、日本では10種以上が知られている

8 動物と植物の助け合い

沖縄のコウモリ

　日も暮れはじめ、あたりが少し暗くなってきました。バーベキューの準備も整ったようです。ユキちゃんが屋根の上の方を指さして、大声で教えてくれます。

「大きい鳥が飛んでいるよ」

「カラスかな」

「あれは鳥じゃない。オオコウモリだよ。ほら電線にぶら下がっているね」

　夕方、薄暗くなってから飛んでいるカラスくらいの大きさの動物はおそらくオオコウモリです。コウモリの仲間は大部分が肉食性なのですが、オオコウモリは草食性です。正確に言うと、沖縄島で暮らしているオオコウモリはオリイオオコウモリ、八重山諸島や宮古島で暮らしているのはヤエヤマオオコウモリ、南大東島と北大東島で暮らしているのはダイトウオオコウモリと名付けられています。ここではまとめてオオコウモリと呼ぶことにします。

花粉を運ぶオオコウモリ

　オオコウモリはいろいろな植物に集まります。町の中ではモモタマナの木（図8−1）があるところなどでよく見かけますので注意して観察してみてください。木の下を見るとオオコウモリに水分を吸われた実や、かじった部分をまとめて捨てたかたまりを見つけることがあります（図8−2）。

図8−1　モモタマナ

「オオコウモリは食事をしながら、いろいろな花の花粉を運ぶはたらきをしているよ」

「チョウやハチが花の周りを飛んでいるだろう（図8−3）。あれと同じように

38

図8-2 食事をしているオオコウモリ
地面にはオオコウモリがかじったモモタマナの実や果汁を吸い、かじった部分をまとめて捨てたかたまりが見られます。

チョウやハチたちは花から蜜をもらっている。その時、体に花粉がつくはずだ」
「そうか。周りを飛び回っているオオコウモリやハチが、花粉を別の花に運んでいるんだね」ユキちゃんもひらめきが良くなってきました。

図8-3 ヒマワリの蜜を吸っているハチの仲間。

■ 運んでくれてありがとう

　私たちは自然からとてもたくさんの恵みをもらっています。その中で花粉を運ぶ動物のはたらきはとても大きいと言われてきました。動物が花粉を運んでくれるから花は種をつくることができます。美しい花を毎年楽しむことができます。おいしいお米や果物を食べることができます。おいしい果物を食べるのは人間だけではありませんね。ほかの動物たちの生活を支えてくれていることになります。
「テレビでハチドリというとても小さな鳥が花にやってきているのを見たわ」ナナちゃんはおもしろいことを覚えていました。
　ハチドリの主な食べ物は花の蜜です。羽ばたきながらヘリコプターのように空中で静止し、花の中にクチバシを

さしこんで蜜を吸っている様子がテレビで紹介されることがあります。その時に花粉を体につけて他の花に移動し、受粉を助けていますので植物にとっても大切な仲間です。同じようなことはオオスカシバという蛾の仲間でも見られます。でもこの仲間は昼間に活動することや、羽が透明であるという特徴がありますので「蛾」とは思わないかもしれませんね。

　「花粉を運ぶのは動物だけじゃないんだ、風や水などによっても運ばれているんだよ」とお父さんが付け加えて説明しています。

■ 植物たちの工夫

「虫たちに来てもらうためにいいにおいを出している花もあるそうだよ」
「コチョウランの花の形（図8−4）はチョウに似ている。チョウたちに仲間がいるように見せかけて、チョウを呼び寄せているのかもしれない」
　とても長い時間をかけて、動物と植物が不思議な関係を作り出したのでしょう。これは進化です。

図8−4　コチョウランの花

■ 自然について考える

　動物が植物の花粉を運んでいるという大切なお話を聞くことができました。動物と植物はいろいろな形で助け合っているのですね。
　私たちも動物や植物からとても多くの恵みを受けています。生き物の観察とはちょっとちがいますが、ここで私たちが自然から受けている恵みについて考えてみましょう。お父さんやお母さん、学校の先生はよく「私たちは自然からいろいろな恵みを受けて暮らしている。だから自然を大切にしよう」と教えてくれます。当たり前のことなのですが、もっと真剣に考えなければならない時代になったようです。人間の活動によって自然が荒らされてしまったり、消滅してしまったりしているからです。

私たち人間が自然から受け取っている恵みは、近年では「生態系サービス」という言葉で紹介されるようになりました。著者が知る限り、生態系サービスという語が最初に使われているのはポール・エーリックとアン・エーリックによって書かれた「Extinction(1981)」という本です。「絶滅のゆくえ(1992)」というタイトルで日本語に翻訳されています。

この本の中で、人間は自然から(実際には「生態系から」という言い方になっています)次のような多くの恩恵を受けていると書かれています。

1. 大気の性質を維持している
2. 気候を調節している
3. 淡水の供給を調節している
4. 土壌を形成し、維持している
5. 排せつ物を処理し、栄養塩の循環を維持している
6. 害虫や病原菌が蔓延しないよう調節している
7. 送粉作用を維持している
8. 食物を供給している
9. 遺伝子資源を維持している……などです。

その後、1990年代後半までに、生態系の役割、生態系サービスに関する論文が数多く発表されました。その中でコスタンザら(1997)が発表した世界の生態系サービスと自然資産の価値評価に関するレポートは、さまざまな角度から自然の評価を試みており、この種の議論に広く使われるようになりました。

21世紀にはいると、国連の故アナン事務総長によって世界レベルで生態系の価値を評価する必要性が提案され、大きなプロジェクトが開始されました。その成果が「ミレニアム生態系評価、Millennium Ecosystem Assessment」として刊行され、環境保全に関して多くの提言がまとめられています。この報告書の最後には、「人間活動の環境負荷や天然資源の枯渇によって、地球上の生態系はもはや将来の世代を支える能力があるとはみなせない。しかしながら、政策や慣行の大幅な改革がなされ、今後、適切な行動をとることにより多くの生態系サービスの劣化は回復可能であろう」というまとめが述べられており、私たちは直ちに環境保全に関する行動を起こす必要があることが力説されています。

9 地球が暖かくなると虫たちは？

■ 気候の変動と虫たち

　最近、地球温暖化や、気候変動という言葉をよく聞くようになりましたね。サンゴが白化したというニュースが毎年のようにテレビや新聞で報道されています。北海道やヨーロッパアルプスでは高山植物の住む場所がなくなってきた、あるいは高山植物が見られる場所が今までよりも標高が高くなった、というニュースが聞かれます。私たちの身の回りでもこのようなことが起こっているのでしょうか？

　夏場、沖縄でうるさいくらいに鳴いているクマゼミは南方系のセミです。

　真っ黒でがっしりした頭と透明な羽をもったクマゼミは、今も昔も昆虫少年のあこがれだったようです。1960年頃までは東海地方（名古屋付近）では、あまり見られなかったようですが、今では関東地方でも多く観察されています。気候が変化したことが原因でしょうか。

図9－1　シロオビアゲハ。羽にある斑点が赤いベニモン型の個体（左）と通常の型の個体と交尾をしようとしています。右の写真はベニモンアゲハ。

住む場所が変わる

気候変動がチョウの生息地の変化に及ぼしている現象については、ナガサキアゲハの例がよく知られています。ナガサキアゲハは1940年代には山口県や、愛媛県が日本における分布の北限でしたが、1990年代の半ばごろには近畿地方で、また2000年ごろには東海地方や関東地方の南部でも観察されるようになりました。同じようなことはタイワンウチワヤンマでも確認されています。

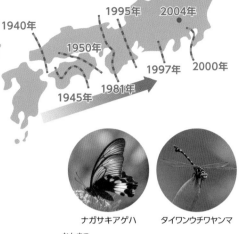

ナガサキアゲハ　　タイワンウチワヤンマ

熱帯地方に分布しているベニモンアゲハ（図9-1）は、もともと沖縄にはいませんでした。台風などで運ばれてくることはあったようですが、それはぐうぜんのでき事です。沖縄で増え始めたのは1960年代の後半であろうと言われています。1990年代には沖縄本島での繁殖が確認され、今では奄美群島でも見つけることができます。これらは地球温暖化の影響であろうと考えられています。

シロオビアゲハの不思議

鳥はベニモンアゲハが毒を持っていることを知っているので決してベニモンアゲハを食べません。そのため別の種類のチョウであるシロオビアゲハが羽の模様の色をベニモンアゲハにそっくりにまねて（ベニモン型と呼ばれています）（図9-1）、鳥に食べられないようにしているというおもしろい研究結果が報告されています。

シロオビアゲハはどのようにしてベニモンアゲハにそっくりになることをおぼえたのでしょうか？不思議ですね。

自分で
塗ったのかな？
（シンくんの空想）

Red

決まった植物だけを食べる

「チョウの幼虫は、ある決まった植物を食べるのよ。これを食草というの。オオゴマダラの幼虫がホウライカガミを食べることが有名ね」とナナちゃん。

「シロオビアゲハの幼虫の食草はシークヮーサーやサルカケミカン、ベニモンアゲハの幼虫の食草はウマノスズクサ科の植物だよ」

「この植物にふくまれている毒がベニモンアゲハの体にたくわえられる」

「チョウが北の方に広がっていくということは、そこにも幼虫が食べる植物があるということだね」

「食草がないときはどうするんだろう。チョウは死んでしまうのかな」

「いろいろな植物を食べることができるチョウはうまく生き延びることができるね」

　オオゴマダラが飛んできました（図9－2）。大きなハネをゆっくり動かしながらヒラリヒラリと飛んでいます。庭先に咲いている花には小さなチョウたちがやってきています。

図9－2 日本一大きなチョウといわれているオオゴマダラ。ゆったりと飛んでいる姿はとても優雅です。左下は幼虫の写真です。さなぎ（右下）が金色に輝いていることはよく知られています。（浦添市の飼育施設にて撮影）

⑩ 昆虫たちの変身

■ モンシロチョウはどこから来た?

「チョウは生まれてから形を変えることを知っているだろう。幼虫とさなぎだ」

「オオゴマダラの金色のさなぎを見たことがあるよ」(図9−2)

「イモムシはチョウや蛾の幼虫だね」

「キャベツ畑に行くとモンシロチョウがいっぱい飛んでいる。キャベツには幼虫やさなぎがついているかもしれない。農家の人にお願いして観察させてもらうといいね」

　モンシロチョウはもともと沖縄にはいませんでした。1960年ごろからふつうにみられるようになったと言われています。どこから、どんな方法で沖縄までやって来たのでしょう。キャベツなどの野菜にとっては害虫ですね。

■ イモムシの変身

　ある日、お母さんがニチニチソウの葉の上にいる大きなイモムシを見つけました(図10−1)。きれいな緑色で、黄色のしっぽのようなものがかわいいですね。

「なんの幼虫だろう」

「虫カゴに入れておこう。ニチニチソウの葉を入れておけば食べるかな」

　ユキちゃんはたくさん葉っぱを取って入れておきました。次の朝には全部なくなっていて、丸いうんちがたくさん転がっていました。

　それから毎日観察を続けていたある日、シン君が何か気づいたようです。

「ねぇ、だれか幼虫を入れかえた?」

図10－1
キョウチクトウスズメの変態

「どうしたの?」

だれも入れ替えていないので、みんな不思議そうにしています。

「だって、ちがう幼虫が入っているよ」

「あっ、本当だ! 色が変わっている!」とユウ君やユキちゃんもびっくり。

緑色だった幼虫が茶色に変身していたのです。

　お父さんもお母さんも不思議そう。

「だれも入れ替えていないよ。この虫は色が変わるんだね、何が出てくるか楽しみだ」

　色が変わってから1週間過ぎると、最初はときどき動いていた幼虫が動かなくなっていました。さなぎになったのです。

　ある朝、カゴの中にきれいな蛾がいるのを見つけました。

「きれいな模様の蛾がいるよ」とユウ君がみんなに知らせます。

　図鑑で調べてみると、これはキョウチクトウスズメというスズメガの仲間でした。近くにはぬぎ捨てたさなぎの殻があります。とてもおもしろい観察ができましたね。でもなぜ色が変わるのか、など知りたいことがたくさんあります。

■ 親のかたち　子供のかたち

　昆虫の幼虫は卵から出てきたとき、形が親と全くちがいます。変身するのです。子供たちはチョウや蛾の変身をいくつか観察してきました。皆さんはその他にどんな昆虫の変身を知っていますか?

　セミの幼虫の抜け殻も観察しましたね。トンボの幼虫はヤゴと言います。池や小川の岸に生えている草に抜け殻があるのを見たことがあるかもしれませんね。大きなトンボと小さなイトトンボでは幼虫の形がちがいます。

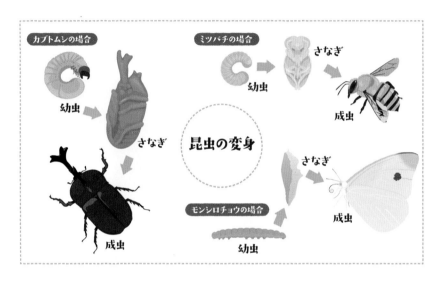

　お父さんがホタルの話を始めましたよ。

「ホタルと聞いてどんなことを想像するかな」

「ゲンジボタルとヘイケボタルね」とお母さんが答えます。

たしかに日本で有名なホタルはこの2種ですね。子供たちはホタルについてどんなことを知っているでしょう。

「ゲンジボタルやヘイケボタルの幼虫は川に住んでいて、カワニナなどの巻貝を食べて育つことを知っているかい?」と聞いてみますが、

「???」

誰も返事をしません。どちらも沖縄にはいないので初耳だったようです。

■ 沖縄のホタル

　お母さんが学校のPTAの集まりに出かけた時に、花壇の横の植え込みの中に「ぽっ」とあわく光っている点のようなものを見つけたことがあります。それはとても小さなホタルでした。お父さんにそのことを話すと、「沖縄にいるホタルのほとんどは陸で暮らしている。久米島にいるクメジマボタルだけが幼虫の時代を水の中で過ごすんだ」と説明してくれました。
「ホタルの幼虫も親とは形がちがうの?」
「うん。似ても似つかない形だ(図10−2)。陸で暮らしているホタルの幼虫はカタツムリの仲間やミミズを食べているんだ」

図10−2 オキナワマドボタルのオスの成虫(左)とその幼虫(右)。

「陸で暮らす幼虫も水の中で暮らす幼虫も、成虫になってからは水分を補給するだけで、ほかのものは食べないようだ」
　つまり、幼虫時代を水の中で過ごすホタルは、日本にゲンジボタル、ヘイケボタル、クメジマボタルの3種がいることになりますね。

ホタルの幼虫は親とはぜんぜんちがう形をしてるのね

陸で暮らすホタルは、沖縄島にクロイワボタル、オキナワスジボタル、宮古島にミヤコマドボタル、八重山地方にはヤエヤマボタル、イリオモテボタル、キイロスジボタル、オオシママドボタルなどがいます。なかには光らないホタルもいるそうです。でも最近は都市開発などが進み、ホタルが暮らす場所が少なくなってきており、数が減っているようなので、ホタルの将来を心配する声も届いています。

■ 沖縄の童謡にみるホタル

「ホタルって、そういえば見たことないなぁ」
「あれホタルじゃない？ ほら、光ってるよ」とシン君が草の上を指さしています。
「本当だ。うちの庭にもいたんだね」
　家の庭で初めてホタルを見つけました。どこから来たのでしょうか。みんなで感動しています。

　沖縄ではホタルのことを「じんじん」といいます。歌にも歌われていますよ。「首里や酒屋さん（泡盛をつくっているのでしょう）の水を飲んで、落ちてこい。壺屋の甕の水を飲んで落ちてこい。久茂地の水を飲んで落ちてこい」と歌われています。今では久茂地は大都会になったのでホタルは住んでいそうもありませんね。いつごろ作られた歌でしょうか？ 童謡の「ほたるこい」と似ていておもしろいですね。

じんじん

じんじんじんじん
酒屋ぬ水食わてぃ
落てぃいりよ　じんじん
下がりよじんじん

じんじんじんじん
壺屋ぬ水飲でぃ
落てぃいりよ　じんじん
下がれよじんじん

じんじんじんじん
久茂地ぬ水飲でぃ
落てぃいりよ　じんじん
下がりよじんじん

沖縄のわらべうた

⑪ アリのおつかい

■ どうしてぶつかり合うの?

　子供たちが「アリさんとアリさんがごっつんこ」と歌っています。「おつかいアリさん」ですね。アリさんたちは何を買いに行くのでしょう。

　甘いものやセミなどの死がいにたくさんのアリが集まっているのをよく見つけます。そこからアリたちは長い列を作ってどこかに移動しています。家の中でもアリの行列がときどき見られますね。よくみると、その集まりからはなれていくアリたちと、集まりに近づいてくるアリたちがいます。このアリたちが出会うと頭の先にある細長い部分(しょっ角といいます)を「ごっつんこ」させていることに気づくでしょう(図11−1)。

「どうしてぶつかり合っているの?」とシン君は不思議そうです。
「アリは地下に巣を持っていることを知っているだろう。巣から食べ物を探すために出てこなければならない」とお父さん。
「仲間に食べ物がある場所を知らせているのかな」

図 11 − 1
アリの行列と、ごっつんこしているアリ。

■ 巣の中はとても複雑

「巣の中はどうなっているの?」とユキちゃんが聞いています。

　子供たちは、地下の様子は直接見ることができないので、いろいろ想像しながらお父さんの答えを待っています。

「とても複雑だよ。いくつもの部屋があってトンネルでつながっているよ」(図11-2)

「どうしてわかるの?」

「本でも調べることができるね。お父さんは小学生の頃、薄い縦長の箱を作って調べたことがある。ひとつの面はガラスを使うんだ。そこにアリを入れて観察したんだ」

「地面の中を横からのぞくんだね」とユウ君は自分もやってみたいと思っているようです。

「同じ巣の中で暮らしているアリたちは一つの家族だ」

「何びきいるの?」

「これは難しい質問だな。アリの種類によってもちがうし、新しい巣と古い巣でもちがう。多いときは何万びきもいることがある」

とても
複雑だよ

図11-2
アリの巣。中にはいくつもの部屋があります。

51

🔲 ファーブル先生のいたずら

「昆虫記を書いた有名なファーブル先生がアリの行列を見つけた時、実験（いたずら?）をしている」

「どんな実験?」

「アリの行列に水をかけたりして行列の一部をこわしてしまうんだ」

「どうなるの?」

「アリはバラバラになって大そうどうになる。あちこち動き回らなければならないけど、時間がたつと仲間を見つけてまた行列になるみたいだ」

　アリたちは自分の動いた後に何か目印をつけておくのでしょうか? それさえ見つけることができれば帰る道をまちがえることはありませんね。アリ同士はしょっ角の先でふれ合って仲間かどうか見分けているのです。同じ種なのか、あるいは仲間なのかを知ることは大切ですね。

ジャン・アンリ・ファーブル
（1823 年〜 1915 年）
フランスの博物学者。

なぜ行列を
作って歩くのだろう?

🔲 アリの大家族

　たくさんいるアリの中で卵を産むのは、体が大きく羽を持っている女王アリだけです。羽をもったオスアリ（数が多いので王さまとは言いません）もいます。これらのアリには子孫を作るという重要な役割があります。そのほかのたくさんのアリは働きアリです。巣を作ったり、食物をとってきたり、女王アリや幼虫の世話をしたり、多くの仕事があります。

　「一つのアリの巣に住んでいるたくさんのアリは家族のようなものだ」

「働きアリは卵を産むことはない。女王アリやオスアリの世話をしたり、巣の修理をしたりしている」

「分業だね!」ユキちゃんはアリの世界に興味を持ちました。

「でもあまり働かないアリもいるという研究もあるらしい」

「働く時間を決めて分担しているんじゃないの?」ユウ君はするどいひらめきを持っています。

いろいろな
アリの分業

働きアリ

羽

女王アリ

働きアリ

働きアリ

子育てするアリ

あまり働かないアリ

　女王アリとオスアリは時期が来ると巣から飛び立って別の場所に新しい巣を作ります。みなさんの家の中にハネを持ったアリが飛んできたことはありませんか? シロアリも同じような暮らし方をしていることが知られています。

「ミツバチも似たような暮らしをしているって聞いたことがあるわよ」とお母さんが言います。

「ミツバチも一つの巣の中に女王バチとたくさんのオスがいるよ」

「ミツバチのダンスの話を聞いたことがあるんじゃない? あれは仲間に食べ物がある場所の方向や、巣の位置を教えていると言われている」

「すごい」と子供たちは感心して聞いています。

　動物たちの世界には不思議なことがたくさんありますね。

ぼくたち

似てるよね

12 クマゼミは午後鳴かない？

クマゼミの鳴く時間

　子供たちは、朝からうるさいくらいに鳴いていたクマゼミの声が午後には聞こえなくなっていたことを不思議に思っていました。

「お父さん。クマゼミが鳴くのは朝だけなの?」

「おもしろいことに気づいたね。そうなんだ。クマゼミは午前中に鳴いて、アブラゼミは午後に鳴く、と言われている。例外もあるけどね」

「どうして?」と子供たちはそのわけを知りたがります。

「気温と関係があるという人もいる。でも、はっきりしたことはわかっていないようだよ」

「鳴いているセミはオスで、メスを呼びよせている。クマゼミのオスはおなかにオレンジ色の大きな音を出すための道具を持っているよ（図12-1）」

図12-1 クマゼミのオスとメス。

オスには腹側に
オレンジ色の鳴く
器官があります。
（矢印）

オス

メス

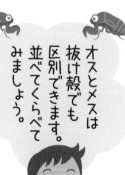

オスとメスは
抜け殻でも
区別できます。
並べてくらべて
みましょう。

メスにはお尻に
産卵管があります。
（矢印）

54

　　　　　メスの体の後ろの方に先がとがった管があります。
これは産卵管といって卵を木に産みつけるための道具です。メス
は交尾が終わるとかれ木に産卵管をさしこんで卵を産みつけます。同じ場所に
一度に卵を産みつけるのではなく、かれ木を移動しながらあちらこちらに産み
つけます。卵から幼虫が出てくる時期は種によって異なり、同じ年に幼虫が出て
くる種もあれば、次の年に幼虫が出てくる種もいます。その後、幼虫は土の中に
もぐって行きます。地下で生活する期間が長いことはよく知られていますね。ク
マゼミの場合は2〜5年間、土の中で暮らすと言われています。

■ セミの幼虫を見つけたよ

　いろいろな観察をしているうちにうす暗くなってきました。お父さんは
クマゼミの幼虫が地下から出てきて成虫になるようすを子供たちに見せ
てあげたいと思いました。

「これからもう一度公園に行こう。クマゼミの幼虫が地下から出てきてい
るかもしれないよ」とさそいます。子供たちはバーベキューのお肉が焼け
たところなのでちょっと不満そう。

「行こう、行こう」とナナちゃんが言ったのでしぶしぶ
ついていくことにしました。

お母さん！
お肉全部食べないでね

　クマゼミが鳴いていた公園はすぐ近くです。懐中
電灯を持って出かけました。いつも何かを目ざとく見
つけるシン君がさけびます。

「木の枝に何かいるよ」

「どれどれ」とお父さんがのぞき込みます。前に見つけたセミの抜け殻でした。

「抜け殻がたくさんあるということは、今日も幼虫が出てくるということ
かもしれないね。探してごらん」

　みんな一生けんめい探します。地下から出てくる幼虫は簡単には見つ
からないようです。見つけることができたとすれば、運がよかったと思っ
たほうがよいでしょう。

地面に穴が開いています。

今日は運がよかったようです。シン君がまた見つけました。
「地面に穴が開いている」
「何か動いている。これ、セミの抜け殻かなあ」
　抜け殻が動くはずがありませんね。シン君は地面から出てきた幼虫を見つけたのです。
「すごい、すごい」とナナちゃんもうれしそうです。
「時間を記録しておこう。今、午後7時30分だ」
「木に登りだしたよ」
　穴から出てきた幼虫は近くの木に登り始めました。
「これはクマゼミの幼虫かな」
「このままではわかりにくいね。家で観察をしよう」とお父さんがそっとつかまえて虫かごに入れました。
　家に帰って玄関にあるはち植えの木の枝にとまらせてあげると、ゆっくり動いて登っていきます。
「さあ、バーベキューパーティーのやり直しだ。でもときどきはセミの幼虫を見に行こう」

幼虫が出てきて、木に登っています。
（午後7時30分）

　8時半ごろに見に行ったユウ君が教えてくれます。
「セミの幼虫はもう動いていないよ。じっとしてる」
　みんな、おいしいお肉を食べることに夢中で、セミのことを忘れかけています。でも9時ごろに見に行ったユウ君が大きな声で報告に来ました。
「殻が割れてセミの頭が出てきている」
　皆、幼虫の近くに集まり、観察が始まりました。1時間ほどたつと、セミは完全に殻からぬけ出てきました。しわしわのうすい緑色をした、やわらかそうな羽があります。

殻が割れはじめ、羽化が始まりました
（午後9時）

柔らかそうな羽があり
ますが、まだシワシワ
です。
（午後10時30分）

子供たちはとても感動しています。デザートのリンゴを食べながらじっとセミを見つめて観察を続けています。セミからはなれようとしません。でも、もう11時です。よい子たちがねる時間は過ぎていますね。

　羽はしっかりのびきっています。子供たちは夜更かしをしたので眠くなり、大きなあくびをしています。部屋に入ると、あっという間にねてしまいました。お父さんは明日の朝、見せてあげようと写真をとっています。

木から落ちてしまった
ので別のところにとま
らせてあげました。羽
がしっかりとのびました
（午後11時）

　お母さんは夜中にバタバタと何かが飛ぶ音で目を覚ましました。3時ごろでした。すると、かべに止まっているセミを見つけました。あの音はセミが飛んだ音だったのでしょう。
「セミがいるわよ」とみんなに知らせます。
「クマゼミだ！」
「おとなになったんだね」みんな、かべの近くに集まり、また感動です。

「にがしてあげようよ」ユキちゃんが言いました。
　シン君がやさしく捕まえて庭の木に止まらせると、クマゼミはいきおいよく飛んでいきました。近くの木でたくさん鳴いている仲間のところに行ったのでしょうね。

朝には立派なクマゼミがかべに
止まっていました

チンナン博士の解説★
地下で何年間過ごす！

　　　　幼虫が地下で何年間過ごしているか、どのように調べるのでしょう？ これは実際に飼育して調べるのがゆいーの方法です。庭にカゴなどで囲んだ場所を作っておき、セミが産卵した木のかれ枝をとってきて、さしておきます。カゴで囲むのは外からほかのセミの幼虫が入ってこないようにするためです。植物も植えておきましょう。毎年、ねばり強く観察していると、いつ出てくるかわかるはずですね。

　　昔、セミの幼虫は土の中で7年間過ごすと言われてきましたが、最近ではその長さはまちまちであることがわかってきたようです。栄養が足りないときはおそくなることもあるでしょう。早く成長した幼虫は早く出てきて羽化するでしょう。

これはよく産卵の様子を観察していないと難しいですよ

　　アメリカには17年ゼミといって、とても長い間土の中で暮らすセミがいるそうです。次にこのセミが大発生するのは2030年と言われています。13年ゼミもいるようですよ。

石垣島と西表島の山地部に
はヤエヤマクマゼミ（図12−2）とい
う別の種が暮らしているそうです。姿かたち
はクマゼミに似ていますが、鳴き声が異なると言
われています。8月ごろ、西表島の森に出かけるチャ
ンスがあれば注意してセミの鳴き声を聞いてみま
しょう。八重山クマゼミの鳴き声が聞こえてくるかも
しれません。

図12−2
ヤエヤマクマゼミ

⑬ 水たまりにオタマジャクシ

■ カエルの生活

　花だんでピョンと何か飛んだようです。カエルでしょうか？

「庭で小さなカエルを見たことがないかい」

　お父さんがたずねます。

「庭にはオタマジャクシが住むような水がたまっている場所はないと思うんだけど、どうやって暮らしているんだろう」

「そういえばすぐに干上がりそうな水たまりでオタマジャクシが泳いでいるのを見たことがあるわ」とお母さんが思い出しました。庭のどこかに水がたまっている場所があるのでしょう。

雨が降ったあとでよく見かけるわよ

「学校の池にもたくさんいるよ。見に行こうか」とお父さんがさそってくれます。

「水そうにいれてオタマジャクシがカエルになる様子を観察しているクラスもあるよ」

　みなさんもオタマジャクシを水そうで飼ってみませんか？　ゆで卵の黄身をおいしそうに食べます。やがて後ろ足が出てきます。その後、前足も出てきて、全体の形がカエルらしくなります。この頃には石を入れて空気中に出てくることができるようにしなければなりません。またカエルになると小さな昆虫などが食べ物なので水そうで飼うことが難しくなります。

沖縄でもっともふつうにみられる小型のカエルはリュウキュウカジカガエル（図13-1）とヒメアマガエルです。ヒメアマガエルは「アマガエル」と名がついていますが、かっ色をしており、緑色のアマガエルとは別のグループのカエルです。

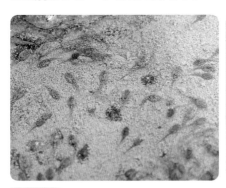

図13-1　リュウキュウカジカガエルは私たちの身の回りで見られるカエルです。道路の一部に常に水がたまっているような場所でオタマジャクシを見かけることがあります。

　ヒメアマガエルのオタマジャクシは体が半透明の部分があるのですぐわかるでしょう（図13-2）。全体に黒褐色をしているのがリュウキュウカジカガエルのオタマジャクシです。
「オタマジャクシの期間が短いんだろうね」お母さんの感想です。
　すぐ干上がってしまうような水たまりにはオタマジャクシは暮らすことができません。オタマジャクシが暮らしている場所にはいつでもどこからか水が流れてきているのでしょう。

図13-2

ヒメアマガエルのオタマジャクシも水たまりなどで見かけることがあります。

オオヒキガエル

　カエルの話題をもう一つ。最近、外国からやってきたカエルがニュースでよく取り上げられるようになりました。

　オオヒキガエルは中南米が原産の大型のカエルで、体のサイズは15センチメートルくらいになります。昆虫やミミズの他、小型のは虫類やほ乳類を食べてしまうこともあるという報告があります。サトウキビの害虫を食べてもらう(駆除する)目的でオーストラリアなどの国々に運ばれました。沖縄には、最初、南大東島に持ちこまれたといわれています。その後、1978年には石垣島に持ちこまれ、増え続けています。

　オオヒキガエルは池や水田などで暮らしています。耳の後ろに耳腺とよばれる場所があり、敵におそわれるとそこから毒を出します。オオヒキガエルを食べたヘビやイヌなどが、この毒によって死んでしまうこともあると言います。こわいですね。

　シロアゴガエルもよく話題になります。原産地は東南アジアで、沖縄島では1967年に初めて発見されました。現在では沖縄島の他、宮古島などに広くしん入しており、2007年には石垣島でも見つかりました。

シロアゴガエル

　昆虫などを食べる肉食性で、昔から沖縄で暮らしているカエル類と、食物や産卵場所をめぐって争いを起こす可能性があります。また沖縄では確認されなかった寄生虫を持っていることも知られており、似たような生活をしているオキナワアオガエルなどに悪い影響が出るのではないかと心配されています。外国からやってきた生き物は外来種と呼ばれています。

オキナワアオガエル

⑭ 植物の葉でむかしあそび

図14-1 アダンの実はパイナップルに似ていますね。

■ アダンの葉で作ってみよう

別の日、ナナちゃんがアダン（図14-1）の葉を何本か持ってやってきました。アダンは海岸でよく見られる植物で根がタコの足のように出ていますからすぐわかります。パイナップルのような実をつけることでも知られています。昔は実を食べたようですが、今では食べる人はいないようです。

ナナちゃんが何やら作り始めると、あっという間に作品ができ上がったようです。

「これは金魚（図14-2）。ススキの葉でもできるけど、ちょっとやわらかいのでアダンの方がいいわよ」

次は少し時間がかかりそうです。子供たちがじっと見ています。

図14-2 アダンの葉でつくった魚
あらかじめ葉に色をつけておくとかわいい魚になりますね。
慶良間諸島・阿嘉島にある環境省の「さんごゆんたくセンター」にて撮影。

かえる

かみつきへび
（指ハブ）

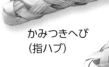

図14－3
植物で作られたおもちゃ
国頭村にある環境省のやんばる野生生物保護
センター「ウフギー自然館」にて撮影。

馬

「これ見たことある。おみやげ屋さんで売っている」

「中に指を入れると取れなくなるやつだ」

「指ハブ」とか「かみつきハブ」などと呼ばれていますね。

（図14－3）

「ソテツの虫カゴ（図14－4）や風車。昔は植物の

葉でいろんなものを作っていたらしいよ」

「おもしろそう」と子供たちも作ってみたくなりました。

かつて琉球ゆう便の暑中見舞い用
はがきの図がらにも使われました。

お父さんが作ったら
ユルユルで、
虫がすぐに
逃げられそうだね

ソテツの葉は若い
ものが作りやすい
ようです。成長す
ると固くなってし
まい、曲げようと
すると折れてしま
うからです。

図14－4
ソテツの葉でつくった虫カゴ
慶良間諸島・阿嘉島にある環境省の
「さんごゆんたくセンター」にて撮影。

「もっとすごいのがある。バッタや魚、ヘビ
の形を本物そっくりに作る人がいる」
生き物の観察をちょっとお休みして
工作の時間にするのも楽しいですね。

「星っころ」とも
呼ばれているよ★

ツヌンブサー※
読谷村にある「沖縄草玩具館」にて撮影。

ガラガラー
中に小石や貝殻を入れて
転がすと音がなるおもちゃです。

沖縄草玩具館　https://kusagangukanmyblog.wordpress.com/

※「チブサトゲグモ」が名前の由来と考えられます。

実際の
大きさ

「沖縄には日本一大きいドングリ
がある。オキナワウラジロガシと
いう木のドングリだ（図14-5）」

図14-5

日本一大きいオキナワウラジロガシのドングリ。

最近はドングリを拾いに行くこ
とは少なくなったようですが、お
父さんやお母さんが子供の頃はド
ングリを拾ってきて、ヤジロベエ
やコマを作って遊びました。

その他にもササの葉でふねを
作って小川に流したり、つるでカ
ゴを作ったりしました。

「ゲットウの葉を使ってムーチーを
作る」

シン君はムーチーが大好き。

右:ビロウの葉で作られるクバガサ。

15 家の近くに "忍者"

図15−1 天井近くにへばりついているヤモリ。卵を持っているヤモリを
見つけることもあります。なぜガラス窓や天じょうに止まって
いることができるのでしょう。不思議ですね。

ヤモリの足は難しい?

ユウ君がヤモリ(図15−1)を見つけました。
「なぜヤモリは天じょうを歩くことができるの?」
映画に出てくる忍者でもヤモリのように天
じょうを歩くことはできません。お父さんも知
らないので調べてみました。ヤモリの足にたく
さんある細い毛が、不思議な力で天じょうやか
べにへばりついていることが説明してありまし
た。でも小学生に不思議な力をわかりやすく説
明するのはかなり難しいので、もう少し大きく
なってから説明してあげることにしました。

垂直なかべなどで、止まったり、歩いたりすることができる動物にはどんなものがあるでしょう。アリ、蛾、アマガエル、蚊などが思いつきますね。手足に吸いつくことができる特別のつくり（吸盤と言います）があるのはアマガエルの仲間です。小さな吸盤がたくさんあるんだそうです。とがったツメを小さなへこみなどにひっかけ、かべなどに留まる虫もいます。

JUMP!

昆虫や鳥にできることで、人間にはできないことがたくさんありますね。あんなことができたら楽しいな、と思ったことはありませんか?

忍者のような生き物は他にもいます。擬態の例を考えてみましょう。擬態とは、敵から身を守るために周りの景色に自分の身体の色や形を似せたり、ほかの生物などの姿に似せることで周りとの区別がつかないようにすることです。前にシロオビアゲハの中にはベニモンアゲハという毒を持ったチョウに模様が似ているものがいて鳥に食べられないように工夫しているというお話をしましたね。いろいろな方法で周りの景色や、生き物に擬態している例があるようですから図書館でしらべてみましょう。

図15-2　木の葉にそっくりなコノハチョウ。羽を広げると美しい模様を見ることができます。羽を閉じてかれ枝にとまっていると葉と見分けがつかないでしょう。

図 15 - 3

枝と見分けがつかない
オキナワナナフシ

■■ いろいろな隠れ方

「沖縄でもっとも有名な擬態はコノハチョウの例
でしょう（図15-2）」お母さんがすぐに思いつき
ました。

「かれ葉にそっくりなチョウだ」

「でもハネを広げるときれいな青色やオレンジ
色の模様が出てくるよ」

「ナナフシという昆虫がいる。細い枝にそっくり
で、じっと見ていてもまったく分からないこと
がある（図15-3）」

　お父さんが子供たちにはちょっとなじみのな
い言葉で説明しようとしています。

「木とんの術という言葉を知っている？　忍者が木に化けたように隠れる
方法だ」

「今の子供たちは知らないでしょうね」とお母さんが
変な顔をしています。

　お父さんは構わず続けます。子供の頃、忍者まん
画が大好きでした。

「木の葉を身にたくさんつけて化ける術は木の葉が
くれの術だ」

「ニイニイゼミは木にとまっているとき、とても見つけ
にくい。羽の模様が木の表面とそっくりだ（図15-4）」

「色が回りとそっくりの時、保護色と言うね」

　生き物は敵におそわれないようにいろいろな工夫
をしているのです。

図 15 - 4

　　木に止まっているニイニイゼミの仲間。
ニイニイゼミが止まっていますが、見つけることが出
来ますか？拡大した写真と見比べてみてください。

■ 沖縄に住む鳥

　「鳥の話をしよう。みんなはどんな鳥を知っているかな?」お父さんが質問_{しつもん}します。

「ハト、カラス、スズメ、ツバメ……」

　どんどん鳥の名前が出てきます。ハトは家の近くの木に巣_すを作ることがあります。

「ハトの巣はスカスカで、あまりしっかりできていないような気がする。巣作り_{づく}がへたなのかな」

「ほかの鳥より巣で過ごす_す時間が短いらしいよ」

　沖縄_{おきなわ}には、カラスバト、キジバト、キンバト、アオバトなどの仲間_{なかま}がいます。このうち、八重山地方に生息しているリュウキュウキンバトは国の天然記_{てんねんき}念物_{ねんぶつ}に指定されています。「家の周り_{まわ}には別_{べつ}の鳥もやってくる。頭が青く、お腹_{おなか}がオレンジ色をした、きれいな鳥がくることがあるね。イソヒヨドリだ」

「茶色っぽい鳥といっしょにいることもあるんじゃない?」

「それはイソヒヨドリのメスだ」

図 16 − 1 イソヒヨドリのオス(左)とメス(右)。

天然記念物について

天然記念物とは国の文化財保護法によって定められる動物、植物及び地質鉱物でわが国にとって学術上価値の高いもののことを言います。特に価値の高いものは特別天然記念物として指定されます。沖縄県に生息している特別天然記念物には、ノグチゲラ、イリオモテヤマネコ、カンムリワシがあります。

この本でも紹介している、コノハチョウやクメジマボタルなどは、沖縄県が指定する天然記念物です。

カンムリワシ

ノグチゲラ

イリオモテヤマネコ

イソヒヨドリは家の周りや大きなアパートの屋根、電柱の上でよく見かけます（図16−1、2）。

「高いところが好きなのかな」

「いっしょにいる2羽はお父さんとお母さんかな」

イソヒヨドリのお父さんとお母さんのペアは巣を作って中でヒナを育てます。巣はいろいろなところに作られますので探してみてください。この前はおとなりの家のクーラーの室外機の上に作られていた巣を見ました。高いマンションのベランダのひさしの上で見たこともあります。オスもメスもヒナに食べ物を運んでいるところを観察できます。ヒナが育ち、巣からはなれていくとオスとメスのペアはバラバラになるようです。

図16−2 電柱の上で見張りをしているイソヒヨドリ。

■ なわばりの大きさ

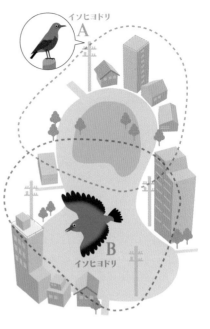

校舎やマンションの屋上などに止まっているイソヒヨドリを見かけることがあります。周囲を見張っているように見えます。別のイソヒヨドリが近づくと追いかけていきますが、どこまでも追いかけていくわけではありません。なわばりが決まっているようです。近づいてきた鳥がなわばりの外に行ってしまえば追いかける必要はありませんね。どこまで追いかけていくか調べて、地図の上に示すとなわばりの大きさを調べることができます。

ときどき地面に降りていくのは食べ物を見つけたからでしょうか？

■ 鳥を観察してみよう

家の周りでよく見かける鳥には、頭が白いシロガシラやメジロ、セッカなどがあります。形や色、鳴き声などの特徴をメモして見ましょう。ウグイスは鳴き声ですぐにわかりますね。
「台湾から入ってきたタイワンシロガシラは、もともといたシロガシラとは少し特徴がちがうらしいけど、お父さんには区別がつかないなあ」
「タイワンシロガシラは野菜の若芽を食べるのできらわれ者だ」と言われています。このような言い方をするということは、シロガシラとの区別ができるということですね。
「メジロは目の周りが白いから見つけやすいね。桜が満開の頃、枝にとまったり、蜜をすったりしているのをよく見かける」
「この前、イソヒヨドリに追いかけられていた」
「なわばりに入ってしまったのかな」

鳥たちの飛び方、どこに止まっているか、などいろいろ観察してみてください。

宮古島・秋の渡り鳥

「10月ごろ、大きな鳥が飛んでいたのを見たわ」と
お母さんが思い出しました。きっとそれはサシバ
です。サシバは渡り鳥なのですが、ときどきある場
所にずっととどまって暮らすことがあります。
「サシバは北の方から渡ってきて、宮古島にたくさ
ん集まることで知られているよ」

　宮古島のお友だちは秋に渡り鳥としてやってく
るサシバを知っているでしょう。

「なぜ宮古島に集まるの?」とユキちゃんがたずねます。

「エサが多いのかな。サシバに関する民話や民謡があるので、昔から来て
いたんだろうね」

　サシバに足環をつけてどこまで飛んで行くか調べた先生がいます。そ
の結果、台湾や、フィリピン、インドネシアまで出かけ、また日本に戻って
くることがわかりました。

「宮古空港の屋根はサシバの羽をモデルにしたものでなかなか格好がい
い(図16-3)」

図 16 − 3　サシバが飛んでいるようすを表している宮古空港。

17 トラクターとサギ

■ 集まるには理由がある

　いろいろなところでサギを見かけます。

「畑などでサギが集まっていることがある。以前、石垣島でおもしろいことを見つけたよ」とお父さんが話しはじめました。

「農家の人がトラクターで畑を耕していたんだけど、その周りにサギがたくさん集まっているんだ。くちばしが黄色だったのでアマサギかな」

「???」

　お父さんの話に子供たちは、あまりよく分かってない様子で、みんなきょとんとしています。

「トラクターが動き始め、畑の土がほり起こされるだろう。そうするとサギたちがいっせいに飛び立つんだ」

「びっくりしたんだね」

「そうかもしれない。でもそれだけじゃないと思う。遠くに逃げていくわけじゃないんだ」

図 17 - 1　サトウキビを収穫しているトラクターの近くにサギが集まっています。

① トラクターが動いて、土がほり起こされる

② ミミズが出てくる バッタがとび出す

③ サギはエサが見つけやすくなる

「トラクターが動いて、土がほり起こされると何が起こるかな」

「土の中にいたミミズが出てくる」

「草むらからバッタがとび出す」

「トラクターが動くことで、サギたちはエサを見つけやすくなるんだね」

　ユウ君たちも理解し始めたようです。

■ 頭がいいサギ

　このお話は水牛とサギの関係として知られています。

「西表島の水田のあぜ道で水牛の背中に白いサギが乗っているのを見たことがある。周りにもサギがたくさんいたね。いろいろな雑誌でも同じような写真が紹介されているよ」

「サギは水牛のおかげで食べ物を簡単に見つけることができるんだ」

「水牛がじっとしているときはサギも活発には動かない。でも水牛が歩き出すとサギも飛び立ったり、水牛の近くにやってきたりする」

　水牛が歩くとあぜ道の草むらにいたバッタがいっせいに飛び立つので、サギはそれをつかまえようとやってくるのです。バッタは動いていた方が見つけやすいですね。うまい方法を考えたものです。

エサ発見！

■ 持ちつ持たれつ？

　自然界では生き物たちが助けあったり、けんかをしたり、食べたり食べられたりして、複雑なかかわりを保ちながら暮らしています。水牛とサギの関係はどのように考えるとよいのでしょうか？

　サギは確かに水牛がいることで簡単に食物を見つけることができますから助かっています。水牛はサギから何かお返しをもらっているのでしょうか？　寄生虫をとってあげているようなしぐさは見られません。ひょっとしたらサギが一方的にめぐみを受けているだけなのかもしれません。

　残念ながら最近では水牛を水田で見かけることはほとんどないようです。でも同じようなことは牛についても観察できます（図17−2）。牛を見かけたら、「近くにサギはいないかな？」と見渡してみてください。

何かお話している
みたいだね

図17−2　西表島で牛の近くにサギがいるのを見つけました。

右巻きと左巻き

ユキちゃんはこの前近くの公園でお父さんとボール遊びをしていた時のことを思い出しました。その時、奇妙なものを見つけたのです。

「お父さん、この前、公園の芝生で変わった花を見つけたね」

「なんだっけ?」

「ほら、くるくるねじれているかわいい花があったじゃない」

「ああ、ナンゴクネジバナだね(図18-1)。これはランの仲間だ」

「ナンゴクネジバナ?」

ユウ君はネジバナという名前がおもしろいと思ったようです。

図 18 - 1

かわいいナンゴクネジバナ。右のものと左のもので巻き方がちがいます。

ネジ

納得!

「花がねじれているからネジバナという名前が付いたんだね」と納得しています。

「今度、見つけた時によく観察して見るといいわね。右巻きのものと左巻きのものがあるわよ」とナナちゃんが説明を付け加えます。

「右巻きと左巻き?」ユウ君とユキちゃんはけげんな顔をしています。

人間には右利きの人と左利きの人がいますね。干潟で暮らしているシオマネキの仲間にも右のハサミが大きいカニと左のハサミが大きいカニがいました。お父さんがおもしろいことを言い出しました。

みぎ　ひだり

オキナワハクセンシオマネキ　　ベニシオマネキ

「沖縄には右巻きのカタツムリと左巻きのカタツムリがいるということを本で読んだことがあるよ」
「どういうこと?」子供たちは気になるようです。

右巻き

図18－2

左巻き

図18－3

ホントだ！巻き方がちがうね

カタツムリを上から見てみましょう。中心から外側に向かって時計回りに殻が広がっていくのが右巻き（図18－2）、左側に広がっていくのが左巻き（図18－3）です。右巻きの仲間が多いそうです。

右巻きと左巻きという言葉は間ちがえやすい言葉です。見る方向によって巻き方が全く逆に見えることがあるからです。カタツムリの見方を上のように考えれば間ちがえることはありませんが、アサガオやゴーヤーのツルは、上から見るか、下から見るかによって巻き方の方向がちがいますね。写真や絵を見ながら巻いている方向を確認するのがよいでしょう。
「どうして右巻きと左巻きのカタツムリがいるの?」
　これは難しい質問です。
「同じ種であれば、ほとんど巻き方は同じだそうだ。でもまれに例外があると書いてあったかな。でも、なぜ二つの巻き方があるかは説明してなかったような気がする」

まだまだわからないことが多いんですね

■ くねくね曲がった泥

　芝生の上でユキちゃんはもう一つ奇妙なものを見つけていました。くねくね曲がった泥のかたまりです（図18－4）。これはミミズのフンです。

　ミミズの仲間は、ふつうは地下で暮らしており、地面の上に出てきません。土の中で、落ち葉が細かくなったものや泥を食べながら生活しています。

図18－4　ミミズのフンのかたまり。

植物の葉が
とても細かくなったものや
泥を食べています。

ミミズのうんちは
ほとんど泥なんだね

「どうして泥のうんちをするの?」とシン君が質問しています。

「泥の中には落ち葉などが腐ってできたミミズにとっておいしい食べ物がたくさんふくまれている。ミミズはそれを泥といっしょに口の中に入れ、養分を吸収する。吸収されなかった泥をフンとして地上に出すんだよ」

「うんちの色がちがう（図18－4）」とシン君が気づきました。

「白っぽくってかわいたフンは前に出されたものかな。湿気があり、黒っぽいのは昨日の夜に出したものにちがいない」

「ふん、ふん」子供たちの反応がユーモアにあふれたものになってきました。

地下から運び出す泥の量

よく見ると芝生のあちこちにミミズのフンのかたまりがあります。かたまりの数はミミズの数でしょうか。ミミズがたくさん暮らしていると芝生の土が耕されていることになりますね。

進化論で有名なダーウィン先生はこのことについておもしろい解説をしています。本にはミミズが地下から運び出す泥の量についていろいろな調査結果が紹介されています。たとえば、サッカーグランド※ほどの広さの放牧地（約4000平方メートル）に約27000匹のミミズがいる場合（これは1平方メートルに約7匹のミミズがいることになります）、これらのミミズは1年間に約15トンの泥を運び出していると計算しています。

15トンとは大型バスくらいの重さだよ。

こんなにたくさんの泥をミミズが運んでいるなんてすごいなぁ

※一般的なサッカーグランドのサイズです。

公園の芝生でダーウィン先生が調べたことと同じ研究をすることができます。フンがたくさんある場所（図18−3）で、1平方メートルの中にあるフンをすべて取り去っておきます。毎日どれくらいのミミズのフンが出されるかを調べると、ミミズによってベルトコンベアのように地下から運び出されてくる土の量を知ることができます。今、芝生の上にある石はやがてミミズのフンで埋まってしまうかもしれません。でもとても長い時間がかかるのでしょうね。いったい何年ぐらいかかるのでしょう。夏休みの自由研究のテーマになるかも知れませんよ。

図18-3
芝生の上に多くのフンの固まりがあります。多量の土がミミズによって地下から地上に運び出されたことがわかります。

こんなに泥を運んで大丈夫かしら?

■ ミミズが土を耕している?

　ミミズは泥を運び出しているだけではありません。最初に書きましたようにミミズは泥の中に含まれている落ち葉が腐敗して、細かくなったものなどを食べています。それらの中で消化されなかったものがフンとして体外に出されるわけですが、とても細かくなった落ち葉が腐敗したものは、やがて植物が栄養として利用できる物質に変化します。これは農作物を栽培している農地では特に大切ですね。ミミズは農作物の栄養分を作るという点でも重要な働きをしていることがわかります。

19 メダカとカダヤシのけんか

■ 減っていく生き物たち

公園の近くには小川が流れています。

たくさんのメダカ(図19-1)が川の水面を群れで泳いでいるという「メダカの学校」で歌われているなつかしい光景は見られなくなってしまいました。かつて川や池はメダカだけでなく、ゲンゴロウやミズスマシ、アメンボが泳ぎまわっている場所でした。水草の茎にはトンボの幼虫のぬけ殻を見かけましたし、多くのトンボが水面近くを飛んでいるのを観察できるとても楽しい場所でした。

「日本にゲンゴロウの仲間は100種以上いるらしい。でもほとんどの種の数が少なくなっていて、いなくなってしまうのではないかと心配されているよ」

「絶滅危惧種だね」

ユウ君はよく知っています。多くのゲンゴロウの仲間たちが絶滅危惧種に指定されています。

絶滅危惧種とは、個体数がとても少なくなっており、確実に地球上からいなくなってしまうであろうと心配されている動植物たちのことです。歌にも歌われ、かつては身近に観察することができた生き物がいなくなってしまうのはさびしいことですね。

図19-1

ミズオオバコの間を泳いでいるメダカ。植物などはメダカにとってよいかくれがです。

絶滅危惧種について

　　　　絶滅危惧種は絶滅してしまうことが心配される生き物のことで、生息数や生息環境の危険性に応じて分類されています。

1.絶滅種

すでに絶滅したと考えられる種。
いなくなったということを証明することはとても難しいことです。そこでいくつかの基準を設けて考えるようにしています。たとえば最近の50年間で一度も生息が確認されていない、という基準もあります。また専門的な調査をくり返し実施しても見つからない、という場合も基準になります。

ドードー

2.野生絶滅種

動物園、植物園、大学の研究室などでのみ飼育・栽培されている種。

ヒトコブラクダ

3.絶滅危惧種

3-1.絶滅危惧Ⅰ類

絶滅の危機に瀕している種。

・絶滅危惧IA類:現在の状態が続けば、ごく近い将来における野生での絶滅の危険性がきわめて高いと予想される種。
・絶滅危惧IB類:IA類ほどではないが、近い将来における野生での絶滅の危険性が高いと考えられる種。

カブトガニ

3-2.絶滅危惧Ⅱ類

絶滅の危険が増大していると考えられる種。

4.準絶滅危惧種

現時点での絶滅の危険度は小さいと考えられますが、個体数の減少が認められたり、生息環境が悪化しているなど、悪条件が確認できる種。

タガメ

★ここでは簡単に説明しましたが、くわしく知りたい人は環境省のホームページなどで確認してください。もっとくわしい情報を得ることができます。

■ メダカが絶滅する？

　実はメダカも絶滅が心配されているのです。
「沖縄にいるメダカはミナミメダカというらしい。
昔、沖縄の池や川にはたくさん泳いでいたよう
だよ」
「どうして減ってしまったの？」
「メダカは別の魚に追いはらわれたそうだ」
「えっ!?」

追いはらわれたってどういうこと？

　みなさんは近くの池などで水面近くを泳いでいる小さな魚を見たこと
がありませんか？　そんな経験がある人にとって、このお話は奇妙に感じ
ていることでしょう。「メダカは今でもたくさんいるじゃないか」と思って
いる人が多いのではないかと想像するからです。
「今、池などで見かける小さな魚はメダカのように見えますが、そのほと
んどがカダヤシかグッピーなんです」
　カダヤシはタップミノーとも呼ばれています。
これも昔から沖縄にいた魚ではありません。
「カダヤシは“蚊絶やし”という意味だよ。でも飛
んでいる蚊を食べるわけじゃない。蚊の幼虫の
ボウフラを食べるんだ」
「蚊が病原菌を運ぶことは知っているだろう。ボ
ウフラを食べてもらって病気をなくしてしまおう
という作戦を立てて、沖縄にカダヤシを持ち込
んだんだ」
「いい作戦だね」

カダヤシ

食べる

ボウフラ
（蚊の幼虫）

KADAYASHI
作戦

蚊

数が減る

病原菌が減る
（病気が増えない）

「昔、沖縄ではマラリアというおそろしい病気が流行していた。でも残念
ながらこの作戦は成功しなかった」
「マラリア退治には役立たなかったけど、別のおもしろいことがわかった
んだ」とお父さんは話を続けます。

■ 少なくなってしまったメダカ

　20世紀に入った頃、沖縄の池や小川の水面近くを泳いでいる小さな魚はすべてメダカでしたが、1919年にカダヤシが石垣島に持ち込まれ、そのあと沖縄島の池などに放されると様子が変わりました。約50年後の1965年ごろには沖縄島の南部の川や池で見られる小さい魚は大部分がカダヤシであるという報告があります。現在ではメダカを見ることができる池や川はとても少なくなってしまいました。

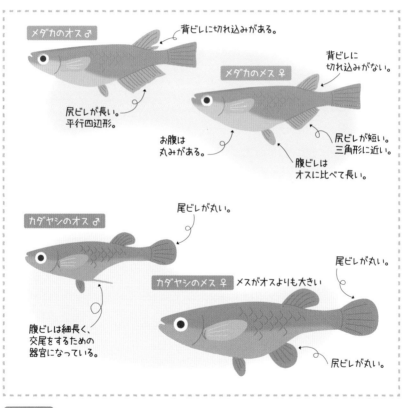

図19-2　メダカとカダヤシの区別

■ メダカの生きる方法

　メダカがカダヤシに置きかわる様子は、2種の魚を同じ水そうで飼育すると簡単に理解できます。いっしょに飼育するとカダヤシがメダカの腹やヒレをつついてこうげきするのです。

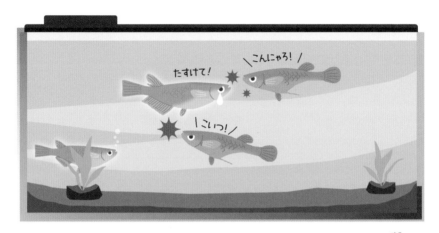

　メダカの方が弱いのですね。川ではこうげきを受けたメダカは角(すみ)の方に追いやられ、やがて姿(すがた)を消してしまいます。メダカが少なくなったことで、最近(さいきん)ではこのような実験(じっけん)をすることが難(むずか)しくなってしまいました。
「同じような暮(く)らしをする生き物はいっしょに暮(く)らすことが困難(こんなん)で、強い方が弱い方をやっつけてしまう、という有名な法則(ほうそく)がある。それを実際(じっさい)にみせてくれたことになる」
「なかよくする方法(ほうほう)はないの?」
「カダヤシにこうげきされないような場所で暮らすことができればいいのかしら」とお母さん。
「うん。水草の間でひっそり暮らす方法もあるようだよ」
　最近ではグッピーが増(ふ)えてきているようです。そのためカダヤシが少なくなってきているとも言われています。何が起こっているのでしょう。

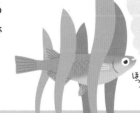

ちょっと安心

ほっ!

84

小川で暮らす生き物

公園の近くの小川には巻貝やトンボの幼虫のヤゴ
など、さまざまな小さな生き物が暮らしています。
「どんな生き物がいるかを調べると川の水が澄んでい
るか、よごれているのかがわかるよ（図20−1、2）」
「どうして?」
「そこに住んでいる生き物によって周りの環境が決
まっているからだ」
「リュウキュウアユはきれいな川に住むって聞いたことがあるわね」
お母さんが言うと、
「泥が多くてよごれた川にはイトミミズがいるわ」
ナナちゃんが教えてくれます。

何だかおもしろそうです。子供たちは夏休みの自由研究で調べてみた
いなと考え始めたようです。川の生き物を調べるためにはどんな自由研
究をすればよいでしょう。
「川のどのような場所に、どのような生き物がいるかを調べることだな」
お父さんがヒントをくれました。
「どのような場所」とは次のように区別して調べるとよいでしょう。
①石の上と石の下、②砂の中と泥の中、③水が流れて澄んでいるところ
と水がよどんでよごれているところ、などです。

比べてみよう

石の上をじっとながめていると動いている生き物を見つけるかもしれ
ません。石を動かしてみると生き物が出てきますよ。石の下には砂や泥
がたまっていることもあります。砂の中と泥の中ではちがう生き物が住んで
いるはずです。比べて見ましょう。

川にはところどころ、よどんでいる場所があります。そこには水が早く流れて、きれいなところに住む生き物とは異なる生き物が暮らしています。

　「難しそう」と子供たちは心配になってきました。

「小学生らしい調べ方をすればいいんだよ。自由研究の予行演習だと思って調べてごらん」

　ユウくんが石を起こしてみました。

「あっ、虫がいる」

「細長い虫はイトトンボの幼虫かな、それとも別の虫の幼虫かな。あとで調べてみよう」

　よどんでいるところには蚊の幼虫もいます。イトミミズがゆらゆらとゆれているかもしれません。

どんな生き物がいるのかな？

手袋

長靴

サワガニ

カワニナ（巻貝）

ナミウズムシ

図 20 − 1
きれいな川に
住んでいる生き物。

きれいな川

カワゲラ

トビケラ

カゲロウ

「イトミミズがいるところはあまりきれいなところじゃないわね」

「川にはサワガニというカニがいることがある。そこは水が澄んでいて、とてもきれいなところなの」

ボラ

テラピア

　川の上流と下流とでは、住む生き物もさまざまです。もっと下流の河口近くになると、満ち潮の時に海水が川をさかのぼるように入りこんでくるので、そこには別の生き物が暮らしています。魚ではボラやテラピアが代表的なものです。

「川と海を行き来する動物もいるわよ」とナナちゃんが教えてくれました。

「どうしてそんな旅をするの?」と子供たちが不思議そうに聞いています。

　日本ではアユが有名ですね。沖縄に住んでいるアユはリュウキュウアユと言います。親のアユは川の中流などで暮らしていますが、秋になると下流に下ってきて産卵します。孵化した赤ちゃんアユは海に出て海岸近くで3か月ほど過ごし、春になると川に帰ってくると言われています。なぜそのような暮らしをしているのか理由はわかっているのでしょうか?

図20-2

よごれた川に住んでいる生き物。
川がよごれていると昆虫の幼虫の姿は少なくなります。まったく見られないこともあります。

ユスリカの幼虫

イトミミズ

モノアラガイ

サカマキガイ

川の観察では、雨が降ると川の水の量が突然増えたり、流れが速くなったりすることがあります。安全には十分に注意して出かけましょう。

大人の人と一緒に行こうね!

■ マツを枯らしているのは誰?

　カブトムシは子供たちにとても人気があります。今では自分でつかまえるのではなく、お店で買う虫になってしまいましたね。

「沖縄にもカブトムシはいるよ。でも最近はタイワンカブトムシ(図21－1)という別の種が沖縄に入ってきて農家の人たちがとても困っている」

「なぜ困るの?」

「タイワンカブトムシはヤシの木や、パイナップル、サトウキビの害虫なんだ。くきの中にもぐりこむと、やがて植物は枯れてしまう」

　このカブトムシは東南アジアが原産で、20世紀の初めに沖縄に入ってきたと言われています。ときどき家の周りでも見かけます。とても早く数が増えるため、どんどん生息する場所が広がっていきました。

　1990年代には鹿児島県の奄美群島まで分布域が拡大したそうです。

図 21 － 1　タイワンカブトムシ

■ 赤くなったマツ

「マツクイムシ(松食い虫)という名前を聞いたことはないかな。最近、マツの木が枯れてしまう原因になっている生き物だ」

「やんばるで赤くなっているマツを見たことがあるよ」

「糸満の平和祈念公園にもあったような気がするね」

赤くなっているマツを見たことはありますか?

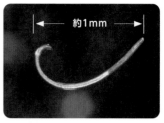

図 21 - 2
マツノザイセンチュウ(上)
マツノマダラカミキリ(左)

　沖縄に生育しているマツはリュウキュウマツで、「沖縄県の木」に指定されています。3年前、奄美大島などでは被害が大きく、山が真っ赤になっているといってもよいほどマツが枯れていました。この原因になる生き物をわかりやすく表現するために「マツクイムシ」という言い方がされていますが、実際にマツに悪いえいきょうをおよぼしているのは北アメリカからやってきたマツノザイセンチュウという長さが1ミリメートルくらいの小さな線虫です(図21-2)。

図 21 - 3 マツクイムシの被害を受けたリュウキュウマツ。

「線虫というのも難しいな。ある動物のグループとでも言っておこう。昔は人の体に入り込んでいたカイ虫が有名だった」

「この小さな生き物がマツノマダラカミキリというカミキリムシの一種の体に入りこんで、マツからマツへ運ばれる」

「マツは枯れるのに、カミキリムシは大丈夫なの」

「そうなんだ。線虫が増えるとマツの体の中の水分が通る管がつまってしまって枯れてしまうらしい」

「このカミキリムシはマツの若い枝をかじるんだけど、その時に線虫がマツに移動してしまう」

マツノザイセンチュウ

　線虫がマツの中で増えていくと、木は枯れてしまいますね。枯れた場所はカミキリムシが卵を産むのによい場所になります。カミキリムシと線虫にとっては、つごうよくできていると思いませんか。

チンナン博士の解説★

寄生して暮らしている線虫

　　　線虫とは「線形動物」と呼ばれる動物のグループで、土の中や海の中で暮らしているものや、他の動物に寄生して暮らしているものなど、さまざまなものがいます。

　寄生して暮らしている線虫には、ここで紹介したマツノザイセンチュウのほか、大豆に寄生するダイズシストセンチュウなどが知られています。

　人間とのかかわりも深く、カイ虫、ギョウ虫などはとくに有名です。現在ではカイ虫はほとんど見られなくなりましたが、卵が手から手へと移っていくギョウ虫は、今でも普通に見られます。学校でギョウ虫検査をしたことがあるかもしれませんね。でもこの検査は2016年の3月で中止してもよいことになりました。ただし、沖縄ではまだギョウ虫が見られるので自主的に検査を続けている学校があります。

22 沖縄の生き物カレンダー

■ セミの鳴き声を区別する

「パパのお父さんは名古屋の生まれだと話したね。小さい頃は、夏休みは虫取りに夢中になっていたそうだよ」

「クマゼミは珍しかったんだね。ほかにはどんなセミがいたんだろう」

　セミに興味を持った子供たちは聞きたいことがいっぱいあります。

「7月ごろ、沖縄ではクマゼミの鳴き声がうるさいくらいに聞こえてくるけど、名古屋のあたりにたくさん鳴いていたのはアブラゼミ、ニイニイゼミ、ツクツクホウシだったそうだ」

「ツクツクホウシ? どんなセミなの?」

「名前の通り、鳴き声がツクツクホウシ、ツクツクホウシって聞こえる」

「わぁ〜聞いてみたいなぁ!」

「沖縄でもアブラゼミやニイニイゼミがいるけど鳴き声で区別できるかな?」

　クマゼミの鳴き声は区別できるようですが、ほかのセミたちの鳴き声を区別するのは子供たちには難しいようです(図22−1)。

図22−1 リュウキュウアブラゼミ(左)とアブラゼミ(右)の頭の部分。

眼の色が
ちがうね!

「沖縄にいるアブラゼミはリュウキュウアブラゼミといって、東京や大阪にいるアブラゼミとは目の色などがちがう。でも鳴き声のちがいは分からないなぁ」

　ときどき東京に出張で出かけるお父さんは公園などでアブラゼミの鳴き声をよく聞くようですが、その区別はできません。

「ニイニイゼミの仲間は沖縄に5種いるらしいけど、お父さんは図鑑を見ても全く区別できないなぁ」

　いろいろな生き物が暮らしているのが沖縄の特徴なのですね。

「季節が変わるとちがうセミが出てくることを知っているかな?」

「ゴールデンウィークの頃、沖縄島南部のサトウキビ畑ではイワサキクサゼミ(図22-2)という日本で一番小さなセミが鳴いている」

「9月が過ぎるとやんばるでオオシマゼミ(図22-3)というツクツクホウシの仲間が鳴き始めるわ。はじめて鳴き声を聞く人はセミとは思わないかもしれないわね。鳥が鳴いているとかんちがいする人もいるわ」

　ナナちゃんは、やんばるの森のこともよく知っています。子供たちはもっとセミを観察したいと思い始めています。

実際の大きさ
1.7センチ

図22-2　イワサキクサゼミ

図22-3　オオシマゼミ

虫の声が聞こえてくる

　どこからか虫の声が聞こえてきます。
「『虫のこえ』という歌を習ったけど歌に
出てくる虫は全部沖縄にいるのかな?」
ユキちゃんがお父さんに質問します。
「沖縄にはスズムシはいないんだ。マツ
ムシの仲間は住んでいるよ」とお父さん
が説明してくれました。
「歌に歌われているクツワムシは大きく
てかっこいいので、名古屋でも虫とり友
だちの間で人気者だったらしい」
「沖縄ではクリスマスの頃にクツワムシが鳴いているよ」とお父さんが
ちょっと変なことを言い出しました。
「12月や1月に虫が鳴いていることを知っているかな」
　沖縄の季節の虫は名古屋とはかなりちがうようです。沖縄で見つける
ことができるのはちょっと細長いタイワンクツワムシで、図鑑で調べると
一年中鳴いていることになっています。確かにユウ君たちの家の庭では
クリスマスやお正月の頃に庭先でよく聞こえてきます。

虫のこえ
文部省唱歌

あれまつむしが ないている
チンチロチンチロ チンチロリン
あれすずむしも なきだした
リンリンリンリン リインリン
あきのよながを なきとおす
ああおもしろい むしのこえ

図22-4　タイワンクツワムシ

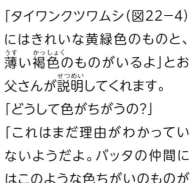

「タイワンクツワムシ(図22-4)
にはきれいな黄緑色のものと、
薄い褐色のものがいるよ」とお
父さんが説明してくれます。
「どうして色がちがうの?」
「これはまだ理由がわかってい
ないようだよ。バッタの仲間に
はこのような色ちがいのものが
いくつかあるらしい」

生き物には、まだまだ
わからないことが
多いみたいだね

桜前線とススキ前線

「ウサギは何見てはねるの?」とナナちゃんが
子供たちに聞いています。

「十五夜のお月さま」歌の大好きなユキちゃんが答えます。

「毎年9月ごろ、満月が見られるときにお月見をするね。でも花びんにいけるススキはまだ十分に穂が出ていないよ」

「ススキ前線って言葉があるよ」とお父さんが解説を始めました。

「桜前線は知ってるけど」ユウ君は物知りです。

「同じようなものだね。ススキの花が咲くというのはわかりにくいけど、穂が出てきて開くという言い方でわかるかな?」

ススキ前線
(南下)

桜前線
(北上)

ススキ前線は桜と逆に北から南下してきます。北海道では8月中ごろに開花しますが、関東地方の開花は9月中ごろです。沖縄での開花は、年によっても異なりますが、一般的には10月中ごろと言われています。

「沖縄のススキの花が咲くのは10月よりおそいのでお月見(観月会)には間に合わないようだ。お団子でがまんしよう」

季節外れの桜

「沖縄の桜は日本で一番早く咲くわね」とナナちゃんが言います。

　1月の終わりから2月のはじめにかけて咲く沖縄の桜はカンヒザクラ※で、開花時期に合わせて桜祭りが行われています。

　2018年の10月ごろ、日本各地から季節外れの桜が咲いているというニュースが話題になりました。沖縄でも色々な所で咲きましたね。一体何が起こっていたのでしょうか。台風の影響かもしれないという説明がありましたが、もっとくわしく知りたいとお父さんたちは思っています。

何が起きてるの?

94　　※ヒカンザクラとも言います。

1年間調べるのは大変ですが、家族全員で季節の生き物日記をつけるとすばらしい生き物カレンダーができるでしょう。日記が生き物の名前でどんどんうまっていきそうですね。

　お父さんは1年分の観察記録がまとまった後、「なかよし家族の観察ノート」にまとめるとおもしろいかもしれない、と考え始めました。

沖縄の季節カレンダー

1月 ゲットウの葉を使ってムーチーを作ります。

2月 カンヒザクラが満開。

3月 ツツジが見頃です。

4月 ゲットウのかわいい花。デイゴも咲き始めています。

5月 テッポウユリが満開。

6月 やんばるではイジュが咲きほこっています。（イジュ：ツバキの仲間）

7月-8月 サガリバナは夜咲きます。夜明けごろから甘いにおいにさそわれてハチやガなどが集まってきます。

9月 オオシマゼミの美しい鳴き声が聞こえてきます。

10月 ススキの穂がゆれています。

11月 サトウキビの穂が咲き始めました。

12月 タイワンクツワムシの鳴き声がよく聞こえる季節です。

沖縄にやってきた外来種

「お父さんたちの話の中に、外国から来た生き物が出てきたね」

「うん、外来種のことだね。時々ニュースになっているね」

「外来種って別の国から人間が持ち込んだ生き物のことだよね」

「そうね、でもそれだけじゃないの、気づかないうち
に入り込んでしまった生き物も外来種って言うのよ」

「今ではいろいろな外来種を身近で見つけることが
できるよ」

　これまで観察した生き物や、お父さんたちの話に出てきた生き物の中
には、海をわたって沖縄にやってきた生き物がたくさんいます。これらは
外来種と呼ばれていましたね。外来種とはどんな生き物なのでしょうか？

外来種とはどんな生き物なの？

　外来種とは、人間活動の影響で、もともと暮らしていた場所ではない
地域へ入りこんだ生き物のことを言います。木材を運んでいるときに、
いっしょに運ばれてきてしまった生き物もいます。これは人間がわざと持ち
こんだ生き物ではありませんが、人間の活動によって運ばれてきたので
外来種としてあつかわれます。その生き物がもともと住んでいたところが
外国の場合は「国外外来種」、同じ国の中で運びこまれた場合を「国内外
来種」と言います。

　でも「外来種」と言えば外国からやってきた
生き物のことを思い浮かべるのがふつうかも
しれません。私たちの生活の中で見られる植物
や動物の中にも、もともとは外国から運ばれて
きたものがたくさんあるのです。沖縄でも多く
の外来種を見つけることができます。

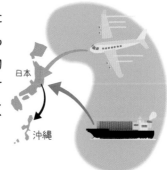

日本

沖縄

■ ペリーいっしょに沖縄へ

「ペリーというアメリカ人の名前を聞いたことがあるかい」とお父さんがたずねます。
「江戸時代に日本に来た人でしょ」
「ペリーは沖縄にも来たのよ」と、お母さんが話を広げてくれます。
「植物の専門家もいっしょにつれて来たみたい。沖縄島や奄美大島のいろいろな場所で植物採集をしたらしいわ」
ナナちゃんがくわしく説明してくれます。

マシュー・ペリー　（1794年～1858年）
アメリカ海軍の軍人。

　ペリーといっしょに沖縄に来た植物学者は沖縄でたくさんの植物を採集しました。それらがアメリカの大学や博物館に保存されています。
　不思議なことに、この標本の中にタチアワユキセンダングサ（図23-1）がないのです。現在の沖縄の状況を考えれば間ちがいなく採集されたと思われるのですが不思議ですね。
　その代わり、今ではほとんど見られないコシロノセンダングサの標本が見つかりました。いずれも原産地はアメリカのようですが、実はタチアワユキセンダングサが沖縄に定着したのが1960年代と言われているのです。比較的最近のことですね。あとから沖縄に侵入したタチアワユキセンダングサが、以前から暮らしていたコシロノセンダングサを追い出したと考えられないでしょうか？　メダカとカダヤシの話と似ていますね。
　ただし、この植物の名前が混乱していて、まちがえやすいので注意してくださいね。これからさらに研究が進めば確かなことがわかるでしょう。

図23-1　タチアワユキセンダングサ

図23-2 イペーの木　※1 イッペーとも言います。

■ いろいろな外来生物

植物の外来種は美しい花を楽しむ目的で持ちこまれたものが多いようです。街路樹として植えられて、3月ごろ美しい黄色の花をさかせるイペー※1（図23-2）はブラジルが原産地です。

緑化用に植えられる南米原産のアメリカハナグルマ（図23-3）は繁殖力が強く野生化して、もともといた植物の暮らす場所をうばってしまいます。

道ばたなどでふつうに見られるギンネム（図23-4）も外来種です。ギンネムは、オジギソウやホウオウボクと同じネムノキ科の植物です。赤い花がきれいなホウオウボクも外来種です。

「ギンネムが沖縄県に持ち込まれたのは100年以上 前のことだと言われているよ」

「なぜ沖縄に持ってきたの?」とユキちゃんがたずねます。

「燃料や肥料として使うことが目的だったようだ」

現在ではこのような目的に利用されることはなくなりましたが、沖縄中に広がってしまいました。私たちがある目的で持ちこんだ植物や動物が、いろいろ話題になっています。時には駆除しようともしています。

図23-3 アメリカハナグルマ

図23-4 ギンネム

ホウオウボク

アフリカマイマイ（図23-5）は1930年代に食用として沖縄に持ちこまれましたが、寄生虫が多く危険なので絶対に食べてはいけません。やわらかい農作物が大好きで、大きな被害を出しています。法律（植物防えき法）で、有害な動物として注意をするよう定められています。

図23-5 アフリカマイマイ

アシヒダナメクジ
原産地はアフリカのようですが、沖縄では農業の害虫として古くから知られてきました。

図23－6　アメリカザリガニ

アメリカザリガニ（図23－6）は日本ではもっとも有名な外来種の一つです。最近、石垣島でも見つかったようです。トンボの幼虫・ヤゴなどをよく食べるので、アメリカザリガニが多い場所ではヤゴがほとんど見られないという記事を雑誌で見ました。ヤゴはボウフラを食べます。

つまりヤゴがいなくなるとボウフラが増え、蚊が増えることになります。人間にとっては良くない病原菌を運ぶ蚊が増えるというこわい記事でした。

図23－7　ミシシッピアカミミガメ

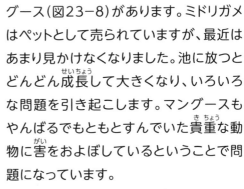

よくニュースになる外来種にはミシシッピアカミミガメ※2（図23－7）とマングース（図23－8）があります。ミドリガメはペットとして売られていますが、最近はあまり見かけなくなりました。池に放つとどんどん成長して大きくなり、いろいろな問題を引き起こします。マングースもやんばるでもともとすんでいた貴重な動物に害をおよぼしているということで問題になっています。

図23－8　マングース

最近、ヒアリというアリが話題になりました。日本に侵入したアリで、初めて発見されたのは2017年です。強力な毒を持っており、刺された場合、アレルギー反応が起き、手当てをしないで放置しておくと人の命をうばうこともあるということで殺人アリと呼ばれることもあります。今のところ港の周辺で確認される程度のようですが、広まると大変ですね。アリの仲間は小さいので対策が大変です。どのアリがヒアリなのか、見分けることも難しいでしょうね。

人間は勝手なんだね

24 花だんを作る

図24-1 小学校の花だん
どこの小学校にもきれいな花がたくさんさいている花だんがあります。

小さな草の命

ユキちゃんは学校で花だん（図24-1）を
作ったときのことを思い出しました。
「このあいだね、学校で先生といっしょに
花だんを作ったよ」
「何を植えたの?」
「チューリップの球根を植えたり、アサガオのタネをまいたりした」
「今、学校でたくさん咲いているアサガオはユキちゃんたちがまいた種か
ら成長したものなんだ」

「友だちが先生に小さな草のことを聞いていたよ」
友だちは先生にこんな質問をしたようです。
「チューリップの球根を植えるときに、ここにあった小
さな草を取ってしまったけどかわいそうじゃないの?」
「先生はどう答えたの?」
みんな答えを知りたいようです。先生は、
「どう答えるといいのかな? 確かに小さな草はかわいそうだね。うまく言
えないな」というようなことを言って困っていたそうです。

とても難しい質問ですね。
「そうだね。小さい草にも命があるからね。集められた草はリサイクルされることを知っているかな？花だんを作るために取り除いた草は、私たちの暮らしの役立つものに生まれ変わるんだよ」

リサイクルして肥料にするんだ

今、どこの市町村でもゴミの分別回収が行われていますね。木の枝や草は資源ごみの一種として集めに来てくれます。集められた木の枝や草は肥料などにリサイクルされ、もう一度利用されます。
　でもこの説明はすべての人が納得できる答えではないでしょう。いろいろ話し合ってみることが大切です。このような大切で、とても難しい事がらについてお話しするためには、人間も含めた自然の成り立ちについて考えなければなりません。

■ ビオトープって何だろう？

　お父さんが学校のようすを話しはじめました。
「校舎の横にビオトープ（図24-2）をつくったよ」
「ビオトープって何？」
　子供たちにとっては初めて聞く言葉です。3人とも不思議そうな顔でお父さんを見つめています。
「花だんも作るけど、ビオトープも人気があるんだ」

図24-2 プラスチックの箱を利用した小さなビオトープ。水草や巻貝などが入れてあります。

「何がいるの?」ユウ君たちはとても気になるようです。

「大きさは長さが5メートルくらい、はばは3メートルぐらいかな。いくつかの水草を入れておいた。生物クラブのお兄さんやお姉さんが毎日トンボの数を数えている。ザリガニもいるよ」

「おもしろそうだね」

図24-3 琉球大学の構内に作られたビオトープ。観察のための橋が設置されています。

子供たちはビオトープの周りで生物クラブのお兄さんやお姉さんがどんな話をしているか聞いてみたいと思っています。昔、このような場所は家の回りにたくさんありました。水草もトンボもお友だちでした。でも、特にビルが多くなった都会では、このような工夫をしないと生きものとふれ合うことができなくなったことも事実です。

水草の上ではイトトンボやオンブバッタが見られます。

チンナン博士の解説★
ビオトープって何だろう?

　　　ビオトープという言葉は20世紀の初めに、生き物たちが生活している空間という意味で作られたと言われています。今では生き物たちの生活する環境を保全するための環境教育の場として人工的に作った場所を指すことが多くなりました。大きさはさまざまですが、池を作って水草を入れ、そこでトンボやカエルが暮らしている様子が観察できるようにするのが一般的なビオトープです(図24-2、3)。生き物たちが暮らす様子を身近な場所で観察しながら、いろいろ勉強しようということです。会社が作ることもあります。家庭で作るときは、水そうや大きめのビンを使うとよいでしょう。

生き物の命をいただくこと

　私たちの暮らしについてふり返ってみましょう。食たくには常にいろいろなものが並びますが、大部分が生き物の命をいただいたものです。お肉、お魚、野菜、果物など、みんな生き物が姿を変えたものですね。

　私たちは他の生き物の命をいただかなければ生きていくことができません。これは他の動物たちも同じです。自然界は生き物たちが複雑な関わり合いをもってでき上がっていますが、ある動物が暮らしていくためには食事をしなければなりません。つまり他の動物や植物の命が必要なのです。

　つりを楽しむとき、つり上げた大きな魚だけを食べ、小さな魚はにがしてあげることがありますね。釣り人のマナーとして守られている事がらもありますが、それぞれの地域で規則として決められていることもあります。北海道や東北地方では毎年サケが産卵のために川を上ってきます。でも川に入ってきたサケはとらないようにしようと規則で定められています。

　沖縄県では、小型のシャコガイ類をとることが禁止されています。またイセエビなどは繁殖時期にはとってはいけません。いろいろな規則を作って自然と人間がいっしょに暮らしていくことができるように工夫しているのです。

小さいから海に返そう

こっちは小さいから取らない

海

　これで生き物の大切さについて十分な説明ができているとは思っていません。この文章を書いている途中で悩んでいます。家庭や学校で、いろいろな話し合いをして下さい。

◾ 昔の人は知っていた

　お母さんがナナちゃんにおみやげを用意しています。お父さんが出張先で買ってきためずらしいお菓子のようです。

　私たちはプレゼントをいただいたとき、あるいは親切にしてもらったとき、お返しをしようと考えますね。浦島太郎は海岸で子供たちにいじめられていたカメを助けました。カメはそのお礼に浦島太郎を竜宮城へ連れて行きました。昔話の世界には恩返しのお話がいっぱいあります。皆さんは「ツルの恩返し」や「かさじぞう」のお話を知っていることでしょう。昔の人は、他の人に親切にしてもらったときに恩返しをすることの大切さをよく知っていたのですね。

　これを自然と人間の関係に当てはめて考えてみます。これまでに私たちが自然から多くの恵みをもらっていることを学んできました。最近では、その恵みは「生態系サービス」と呼ばれていることも知りました。では「自然への恩返し」とはなんでしょうか?

浦島太郎

昔話の「恩返し」

ツルの恩返し

かさじぞう

恩返しの方法

「自然からいろいろなものをもらっていることはわかったけど、いつまでももらい続けることができるのかな?」

「人間は自然にどんな恩返しをしているの?」

　子供たちのキレがある質問に、簡単には答えられそうもないのでお父さんは困っています。

　「生態系サービス」に対する自然への恩返しは「生態系サービス(あるいは環境サービス)に対する支はらい」と呼ばれています。それはど

のようなものでしょうか?「支はらい」というとお金を支はらうことを考えてしまいますが、それだけではありません。いろいろな恩返しの方法があるはずです。

自然に対して何ができるだろう?

　みんなで話し合おうとしているお父さんに子供たちも答えます。

「生き物はお金をもらっても困るね」

「食べ物がいいかな?」

「暮らしやすい場所を作ってあげるというのはどうだろう?」

「そうだ! そのためにお金を使うんだ」

「いいところに気づいたね、生き物が暮らしやすい場所ってどんなところだろう?」

「国立公園や国定公園かしら?」お母さんが答えます。

「世界自然遺産やラムサール条約に登録することね」ナナちゃんの答えです。

「そうだね。自然を保護しようとしている場所はいっぱいあるよ。そのような場所を大切に守ることが大切なんだ」

　でも自然を保護しようとしている場所を守るだけではいけません。お父さんの話は続きます。

「自然」にとって
何がいいんだろう？

「国立公園や国定公園などだけを守ればいいのかな？」
「国立公園や国定公園ではない森もたくさんある」
「学校や家のまわりにも植物がたくさん植えてあるね」
「公園にも植物がいっぱいあって、セミが鳴いたりチョウが飛んだりして、生き物もいっぱいいるよ」
　みんなわかってきたようです。

**国際的にあるいは国内において
自然を守るためのさまざまな取り決めがあります。
それらのいくつかを紹介しましょう。**

国立公園 (こくりつこうえん)

日本を代表するすぐれた自然の風景地の保護と利用の増進を図り、国民の保健、休養、教化に資することを目的とし、国が管理する公園で、自然公園法という法律に基づいて設置されます（西表石垣国立公園、慶良間諸島国立公園、やんばる国立公園）。

国定公園 (こくていこうえん)

国立公園と同じ目的で設置されますが、管理は都道府県が行う公園です（沖縄海岸国定公園、沖縄戦跡国定公園）。

鳥獣保護区 (ちょうじゅうほごく)

野生に生息する鳥類と哺乳類の保護・繁殖と管理、狩猟の適正化を目的とした鳥獣保護法のもとで設置される区域です（国指定鳥獣保護区：屋我地保護区、漫湖鳥獣保護区、与那覇湾鳥獣保護区、池間鳥獣保護区など）。そのほか16か所の県指定鳥獣保護区があります。

森林生態系保護地域 (しんりんせいたいけいほごちいき)

日本の主要な森林帯を代表する原生的天然林の区域で、原則として1,000ha以上の規模を有するもの、あるいは、その区域でしか見られない特徴を持つ希少な原生的天然林の区域で、原則として500ha以上の広さを持つ森林です（西表森林生態系保護地域、やんばる森林生態系保護地域）。

「自然は全部大切にしなければいけないんだね」
とユウ君がうまくまとめてくれました。
「花だんも作りたいけれど」とユキちゃんが前の
話を思い出してつぶやいています。
「家を作るときには木を使う。私たちはお魚も食
べる。人間は自然がないと暮らしていくことがで
きないことを覚えておこう」

私たちは自然がないと
暮らしていくことが
できないのね

県立自然公園 （けんりつしぜんこうえん）

自然公園法と都道府県の条例によって設置され、その都道
府県を代表する優れた風景地について知事が指定する自然
公園です（久米島県立自然公園、伊良部県立自然公園、渡名
喜県立自然公園、多良間県立自然公園）。

ラムサール条約登録湿地 （らむさーるじょうやくとうろくしっち）

ラムサール条約（特に水鳥の生息地として国際的に重要な湿地に関する条約）に
登録された、沼沢地、湿原、泥炭地または陸水域、および水深が6メートルを超え
ない海域などが対象になります（久米島の渓流・湿地、漫湖、与那覇湾、慶良間諸
島海域、名蔵あんぱる）。

世界自然遺産 （せかいしぜんいさん）

世界遺産条約に基づいて登録される地域で、観賞する上で、また
学術上で世界的な価値を持つ特徴的な自然の地域、あるいは脅
威にさらされている動植物の種の生息地などが選ばれます。

海洋保護区 （かいようほごく）

海洋生物と海洋環境の保護のために指定された水域です。漁業を
含め、すべての活動を全面的に禁止する水域から、小規模な漁業
やダイビング活動を認める水域まであり、規制内容は多様です。

■ すべての場所で

　私たちの身近な暮らしの中でできる自然への恩返しを考えましょう。
「校庭や道ばたで暮らしている生き物にはどんな恩返しができるだろう」
「生き物に対する思いやりを持つことが一番大切だろうね」
「食べ物に対する感謝も大切だね」
　食事の前に心をこめて「いただきます」と言うことがどんなに大切なことか、みんな理解したようです。
　国立公園や鳥獣保護区だけでなく、すべての場所で自然を大切にしなければならないことをしっかりと覚えておきましょう。

■ 生活を便利にするためにしてきたこと

「恩をあだで返す、ということばがあるね。どんな時に使う?」
「テレビに出てきそう」テレビアニメが好きな子供たちはなんとなくわかっているようです。
「あまりいい言葉じゃないよね」

　これは、通常人間の行動に対して使いますね。恩を受けた人に対して、感謝するどころか害を加えるような仕打ちをすることを言います。
　私たちは自然から多くの恵みを受けてきたことは何度もくり返して説明しました。でも私たちは同時にさまざまな形で自然に悪い影響を与えてしまっているのです。これはまさに恩をあだで返していることになります。
　私たちの生活を便利にするためにいろいろなことをしてきました。それを続けることで自然が異常になってしまう、つまり恩をあだで返すことになるのです。

良い環境を守る

　魚は私たちの生活ととても大切なかかわりを持っています。海や川の魚について考えてみましょう。私たちは魚をつかまえようとするとき、必要な数以上に魚をつかまえようとすることがあります。これを乱獲と言います。乱獲をくり返した結果、「最近あまり魚がとれなくなったなあ」、あるいは「大きい魚がいなくなった」などという声がとどくようになってしまいました。それでも魚たちは

私たちにとってとても大切な食料ですからとらなければなりません。人口が増えると、より多くの魚をとろうとします。私たちにとっても、魚たちにとってもハッピーなとり方はあるのでしょうか？

　海洋保護区をつくって、ある場所の魚をとらないようにすることの目的は、私たちがいつまでも魚を得るためのものだけではありません。魚たちにとっても良い環境を守ってあげると考えることはできないでしょうか？

陸も海もつながっている

　サンゴ礁、干潟、マングローブ林で暮らしている生き物たちや、それらの生態系についても、どのようなお返しができるか考えてみましょう。

　沖縄の美しいサンゴ礁はダイバーに大変人気があります。でもあまりにも多くの人がダイビングなどを楽しむとサンゴがこわれてしまうこともあるでしょう。サンゴやサンゴ礁の生き物たちが健康的に暮すためには赤土が流れ込まないように工夫することも大切ですね。サンゴや魚たちが減ってサンゴ礁が健康でなくなれば、ダイビングを楽しみに来る人たちの数も減ってしまうことでしょう。陸と海の自然は別々のものではなく、密接につながっているのです。

みんな
つながっている！

私たちは陸でビルを建てたり、海岸をうめ立てたりして、人間の生活を便利なものにしようとしてきました。その代わりに今までにいただいてきた恵みを受け取ることができなくなってしまうことも事実です。自然はいつまでも私たちに恵みを与え続けてくれるとは思われません。どうすればよいかをこれからもいっしょに考えていきましょう。

「ずいぶん難しい話をしてしまったね」
「生き物に関心を持つことはとても大切なことだよ」
「子供たちが、楽しく生き物と付き合っていけるといいね」
　今回はいろいろな動物や植物について、たくさん勉強することができました。毎日見ている生き物でも知らないことがたくさんあることがわかりましたね。

お父さんたちは「今度の日曜日はどこに行こうか」と考えています。家の周りや校庭で観察をした後は、ちょっと遠くに出かけてみようか、と話し合っています。

「今、沖縄や鹿児島の4つの島を世界自然遺産にしようとしていることを知っているかな?」

「うん、テレビでよく見るよ」

「次はやんばるや西表島に行って自然の観察を楽しもう」

　やんばるや西表島の自然の観察ノートはいつでき上がるでしょう。楽しみです。

著者：プロフィール

土屋　誠（つちや　まこと）

1948年愛知県生まれ。琉球大学名誉教授。理学博士。
1976年東北大学大学院理学研究科を修了後、東北大学助手、琉球
大学教授を経て、2014年に退職。この間、琉球大学理学部長、日本
サンゴ礁学会会長、環境省中央環境審議会臨時委員、Pacific
Science Association事務局長などを歴任。琉球大学非常勤講師
専門は生態学。主要編著書に、『サンゴ礁のちむやみ:生態系サービス
は維持されるか』、『きずなの生態学』、『サンゴしょうのおとぎ話
(沖縄タイムス出版文化賞受賞)』、『シオマネキのダンス』などがある。
2017年8月には海洋立国推進功労者表彰(内閣総理大臣表彰)を
受ける。

本書の作成にあたり、貴重な写真を借用させて頂いた伊澤雅子氏
(イソヒヨドリ、オオコウモリ)、佐々木健志氏(シロオビアゲハ、ベニ
モンアゲハ、オキナワマドボタル、ヒメアマガエル、コノハチョウ、
ニイニイゼミ、マツノザイセンチュウ、マツノザイカミキリ、オオシマ
ゼミ、ビオトープ)、高橋すみれ氏(ミミズの糞)、大嶽若緒氏(サギと
トラクター)、沖縄草玩具館／新崎宏氏(ツヌンブサー、ガラガラー)
および企画編集にご尽力いただいた株式会社 東洋企画印刷のスタッフ
の方々には大変お世話になりました。心より感謝申し上げます。

イチゴのタネとジーマーミ
なかよし家族の観察ノート vol.3

発　行　2020年12月10日
著　者　土屋　誠
印　刷　株式会社 東洋企画印刷
製　本　沖縄製本株式会社
発売元　編集工房 東洋企画
　　　　〒901-0306 沖縄県糸満市西崎町4丁目21-5
　　　　TEL：098-995-4444　　FAX：098-995-4448
　　　　https://toyo-plan.co.jp/　✉ info@toyo-plan.co.jp